NLP
实用心理学
+
企业管理技术

情商自控力

所谓会管理，就是情商高

马飞鹏◎著

中国商业出版社

图书在版编目（ＣＩＰ）数据

情商自控力 / 马飞鹏著. --北京：中国商业出版
社, 2018.2
　　ISBN 978-7-5208-0243-7

　　Ⅰ. ①情… Ⅱ. ①马… Ⅲ. ①情绪-自我控制-通俗读物
Ⅳ. ①B842.6-49

中国版本图书馆 CIP 数据核字(2018)第 028723 号

责任编辑：朱丽丽

中国商业出版社出版发行
（100053　北京广安门内报国寺 1 号）
010-63180647　www.c-cbook.com
新华书店经销
大厂回族自治县彩虹印刷有限公司

＊

720 毫米×1000 毫米　1/16 开　15.5 印张　170 千字
2018 年 5 月第 1 版　2018 年 5 月第 1 次印刷
定价：39.80 元

＊＊＊＊

（如有印装质量问题可更换）

前　言
PREFACE

神经语言程序学（Neuro-Linguistic　Programming　简称 NLP）NLP 的创始人约翰·格林德 (John Grinder) 博士曾经讲过一个富含隐喻意义的故事：

妈妈教给孩子一个"我好生气"的手势（不断甩手），结果，第二天孩子从外面回来就不断地甩手。大人不明就理，为了让孩子改掉，左哄右哄，就是不管用。结果，孩子尽情地甩了一会儿后，就把烦恼的情绪释放出来了。之后，孩子又一如既往地、开心地玩。

因为"身心一致"，孩子的负面情绪一般都释放得非常快。而成年人常常"身心分离"，比如，晚上工作脖子酸时，就是潜意识在给你发出信号，但大部分成年人根本就不管，依然会继续工作，慢慢地就给身体带来很多问题。还有其他很多信号，比如口渴的信号，也经常被忽略。

为了让人们更好地了解 NLP 在管理上的运用，我特意编写了这本书。书中，不仅对 NLP 理论基础及操作做了详细分析，还分析了 NLP 的框架与模式；不仅介绍了 NLP 对人类内在心智模式的研究成果，还提供了一些 NLP 在管理实践中具体案例，分析清晰，语言平实，定然能够给读者以帮助。

现代职场中，很多人的梦想就是成为管理者，让自己的职位更上一层。给你一个团队，你能怎么管？管理工作真的是居高临下就可以做好的吗？员工能听从你的安排吗？如果员工负气撂挑子，你该怎么办？如果员工在工作上遇到障碍，你又该如何帮助他们？尤其是对于那些刚刚走出象牙塔、还没有任何工作经验的应届大学毕业生，你又要如何引导他们尽快适应公司的规章制度，从而让他们脱去稚气，变成合格的职场人？或者，作为管理者，前一分钟你还在对员工下达命令，后一分钟就又被挑剔苛刻的上司批评一通，你又该如何自处呢？

总之，管理者的工作并不像很多人所想的那么容易，而且因其管理的对象又是世界上最复杂的生物——人，这就注定了管理工作进展艰难。管理者要付出所有的努力，用心用情，才能真正把管理工作做好。

如今，市场竞争堪称惨烈。很多公司原本资金充足，业务发展迅速，但是却最终没落了，或者被淘汰掉了。究其原因，并非它们的硬件不够，而是因为它们的管理跟不上。有些管理者觉得所谓管理，就是要制定严格的规章制度，而且要毫无例外地执行。实际上，管理更是以人为本的人文关怀，也是人际关系的一种形态。作为管理者，只凭身居高位、颐指气使是行不通的，甚至会引起员工的反感，使得事与愿违。管理者必须提高自身的情商，才能走进员工的内心，关注员工的梦想，也才能与员工之间结成情谊。所谓人际关系问题，其实就是沟通问题。而一旦沟通到位，感情也到位，那么管理者与员工之间的关系就会和谐了。

有些管理者官本位的思想很重，总是一味地强调自己职位多高，却完全忽略了"水能载舟，亦能覆舟"的道理。要知道，现代社会不提倡个人英雄主义，一个人即使能力再强，也不可能把事情做得面面俱到，获得成功。唯有融入团队之中，管理者才会真正发挥自身的力量。在很多公司，管理者并不从事实质性的工作，这也就意味着管理者的工作表现和成就，必须通过员工或者他所带领的团队才能表现出来。这里不得不强调的是，团队的成就才是管理者的成就，所以管理者唯有打造优质团队，并且让团队的工作卓有成效，才能把自己也提升为一个合格优秀的管理者。

高情商的管理者还会知道，一旦意识到自己该做什么，就要立刻行动。所以，作为管理者，从现在开始就要改变自己。也许你可以智商不够高，因为这只能限制你不能从事高深的科研和技术工作，但是你的情商一定要够高，因为唯有如此，你才能在管理工作中如鱼得水，事半功倍。

目 录
CONTENTS

第一章

情商高，才能成为卓有成效的管理者

　　人是这世界上最复杂的生物。特别是在职场上，各种关系错综复杂。对于领导者而言，不但要面对自己的上级，也要管理好自己的下级，就更需要提高自己的情商，从而成为卓有成效的领导者，在工作中做出令人瞩目的成就。

1. 不要让情绪成为一匹脱缰的野马

每个人都有远大的理想，也希望在人生中取得卓越的成就。这样的上进心当然是值得赞扬的，不过，当真正得到晋升，成为管理者时，他们又会觉得很苦恼：以前只需要管好自己，现在需要对很多下属负责，职位和角色都发生了变化，这就需要一段适应和学习的时间。

要当好管理者除了要有超强的工作能力外，更重要的是要有管理能力。而所谓的管理能力，除了对下属发号施令，还要具有高情商。尤其是在管理工作陷入困境时，一定要有控制好自己的能力，从而避免让情绪成为脱缰的野马，导致自己失控，导致管理工作失控。有位名人说，人的一生最大的敌人是自己。随着生活阅历的增加，对人生的感悟越来越深刻，相信很多人都意识到这句话的正确性。的确，一个人唯有战胜自己，尤其是要能够成为自身情绪的主宰，控制好自己的喜怒哀乐，才能真正掌控自己，掌控自己的人生。否则，情绪失控，愤怒使我们的智商瞬间降低为零，还谈何其他的成就呢？

对于管理者而言，每天都要面对形形色色的下属，而且还要处理职场上纠缠着利益的错综复杂的关系，不得不说，管理者真的要做到应对自如，才能搞定一切。然而，在达到这种境界之前，管理者首先要管理好自己的情绪。

作为刚刚上任的门店经理，张丹新官上任三把火，当一个业务熟练的经纪人私底下向他提出辞职请求时，他居然丝毫没有挽留。其实，这个经纪人已经从事二手房行业一年多了，根本不是真的想辞职，而是觉得曾经的同事张丹如今变成了自己的上级，有些面子上抹不开而已，他想要得到张丹肯定的态度，从而脚踏实地继续干下去。没想到，张丹对于他的辞职，却直截了当地质疑："你是故意拆我的台吧！"那个经纪人也没有办法继续工作下去，张丹也因为一时冲动失去了一个前任门店经理辛苦培养出来的业务能手。

后来，门店里接连又有好几个人辞职，张丹总是无法控制自己的情绪，每次都火冒三丈，怒不可遏。就这样，这些人全都离开了。看到这种情况，门店里另一位平日里与张丹关系不错的经纪人对张丹说："以后，再有人辞职，你不要那么冲动了。他们之所以私下里告诉你，是因为想留下回旋的余地。你作为新上任的门店经理，不妨放低姿态，给予他们心理上的安慰，让他们忠心耿耿地追随你，这岂不是比情绪冲动，从而彻底得罪这些员工更好吗？"张丹沉思良久，认识到了自己的错误。后来，再有经纪人提出辞职，张丹总是耐心地和他们交流，了解他们的真实想法，也给予他们想要的心理安慰。渐渐地，张丹留住了老员工，又招聘了一些新人，自己的销售队伍逐步稳定下来。

通常情况下，人很难控制自己的各种情绪，在心情平静的状态下或许可以掩饰，但是一旦情绪激动，很多不该说的话就会脱口而出，导致他人如愿以偿探得真相。在影视剧中，我们经常看到警察或者法官审问嫌疑人的情形。为了保护自己，这些嫌疑人总是守口如瓶，什么也不愿意说。每当这时，经验丰富的办案人员就会故意激怒嫌疑人，从而让嫌疑人情绪失控，不知不觉就把真相全盘托出。事例中，张丹无疑也犯了冲动的错误。他才刚刚上任就遭遇下属接连辞职，但是他不应该把愤怒完全撒到下属身上。在极度的愤怒中，他选择对于申请辞职的下属不加挽留的方式，表现出自己的高高在上，也给其他同事一个下马威。实际上，下属与管理者之间是双向选择的关系，当然这里的管理者代表的是公司。作为管理者，应该摆正位置，端正心态，控制好自己的情绪，才能尊重并且平等对待下属，从而与下属搞好关系。

要想控制好自己的情绪，管理者还要控制好情绪的所在——潜意识。情绪就是在潜意识中发生的，所以管理好潜意识对于管理者控制情绪至关重要。尽管很多人都听说过潜意识，但是并不了解潜意识，更不知道怎样与潜意识进行沟通。人体中很多重要的组成部分都接受潜意识的控制，人们曾经以为只有得道高僧才能与自己的潜意识沟通，而且也经常因为日常生活中潜意识导致的很多负面情绪感到焦躁不安，束手无策。潜意识会激发出情绪，而传统观念认为人们对于自身的情绪无能为力，只能被动接受，等待情绪渐渐消失。NLP 告诉我们，被动接受潜意识的一切安排是不对的，而要积极主动地与潜意识沟通，从而借助潜意识的力量消除负面情绪。

从某种意义上来说，潜意识就像是一个肆意妄为的孩子，有的时候很美好，有的时候很邪恶，需要人们用心呵护。潜意识往往决定了人的很多品质与能力，诸如勇敢果断、充满自信、勇于创新等，还会控制人的情绪，诸如喜怒哀乐惧等。要想与潜意识和谐共处，发挥潜意识的强大作用，我们就要多多肯定潜意识，赞赏潜意识，从而激发出潜意识的无限潜能。这样一来，我们与潜意识之间的沟通也会更加顺利。

奥地利著名精神分析学派创始人弗洛伊德曾经提出，人格是由本我、自我和超我组成的。所谓本我，表现出人的本能，往往是一种无意识的本能冲动；自我主要负责协调本我与超我之间的关系，协调本我与外在世界的关系；超我，是社会化的我，是超越了本我的我，表现出更多的社会性，诸如道德、规范、法律、良知等。弗洛伊德的学说奠定了精神分析学派的基础，以形象的说法而言，本我是失控的烈马，自我是驾驭烈马的主人，而超我则规定了主人如何驾驭烈马，以及驾驭烈马驶向何方。一个人，唯有三者和谐统一，才能达到人格完美。因此，人必须有效控制自身的情绪，不要让本我的烈马脱缰，也唯有战胜本我这匹烈马，才能让自己得到升华，更上一层楼。尤其作为管理者，面对的不仅仅是自己，还有很多下属，而在工作中又必然承担很大的压力，还要协调好同事之间的各种关系，可想而知管理者肩上的担子有多重。即便如此，管理者也不能在愤怒的情况下放纵本我，而要始终以自我监督本我，尽量表现出更优秀的超我。

2. 高情商≠发号施令

在现代职场上，没有人愿意永远留在公司的底层，重复做那些千篇一律的工作。的确，人人都想求得发展，随着职位的晋升，人们在职场上的舞台也越来越大，发挥自身能力的空间自然也就越来越大。然而，当真正做到高位，成为公司的管理者，我们真的能胜任吗？也许有些朋友会说：当官谁还不会当呢，只要每天发号施令，把任务下达下去就可以了；如果下属不听话，那就赏罚分明，相信他们肯定不会和钱包过不去。听到这些话，那些真正当过管理者也深谙管理工作艰难的人，一定会哑然失笑。

的确，对于从未做过管理工作也不懂得管理工作的人而言，管理就是发号施令。实际上，就算是封建社会贵为天子的皇帝，也必须绞尽脑汁才能与那些大臣搞好关系，才能让大臣能够顺从他们。而现代的管理者，面对的不再是封建时代愚昧效忠皇帝的下属，如何让自己说出来的话能被下属执行，这是他们的当务之急，也是他们面对的最大难题。看上去，这个推论完全成立，即每个管理者只要管好自己的下属，那么整个公司所有问题都会迎刃而解。说到底，还是人的问题。哪怕管理者的职位比很高，分工也与下属不同，但是管理者真的没有资格对着下属发号施令。

首先，管理者必须自己有过人之处，才能在下属心中建立威信，也才能得到下属的衷心拥护和爱戴。其次，下属并非是接受指令的机器人，管理者必须采取恰到好处的表达与沟通方式，才能把话说到下属心里去，让下属愿意接受管理者的调遣。总而言之，高情商的管理者不会对下属发号施令，而是会想办法与下属相处，让下属心甘情愿执行他们的命令，努力实现目标。

作为一家二手房经纪公司的管理者，刘猛负责管理手下二十几名销售人员。刚开始上任时，刘猛根本不知道如何管理，毕竟他只是因为业绩好才升职的，并非专业的管理人员。对于刘猛的表现，业务总监觉得很尴尬，因为刘猛居然新官上任三把火，几乎把所有的销售人员都得罪光了。来看看刘猛新官上任第一天是如何说话的吧。面对站成两排的二十几名销售人员，刘猛大言不惭地说："从今以后，我就是大家的经理了。大家都知道，我也是从做业务起步的，如果不是业务做得好，当然不会有今日的成就。所以以后在业务方面有任何不明白的地方，欢迎大家随时向我提问。至于对大家的要求么，我的要求很简单，那就是一分一秒都不要闲着，只有动起来，才有开单的希望。"就这么寥寥数语，刘猛的发言就结束了。有些老资格的下属未免觉得心里不舒服，毕竟刘猛的资格还没有他们老呢，现在居然颐指气使来开会，而不知道自己的分量。其实，那些老资格的销售人员如果想晋升，早就晋升了，只是因为他们都有家庭，必须照顾家庭，所以主动放弃了晋升的机会。

经过一周的观察，刘猛的发号施令显然没有起到好的效果。那些老的销售人员该怎么做还怎么做，至于新来的销售人员，更是一头雾水，完全不知道如何才能达到刘猛的要求。看着下属们懒散的样子，刘猛很着急。要知道，如果全员罢工，那么他这个月就会很难堪。为此，刘猛咨询经验丰富的前辈，最终得知自己的会开错了。很快，刘猛再次召开会议，这次他言辞恳切，尤其感谢那些老销售人员能够留下来，继续与他合作。最后，他还抱拳说："我们是荣辱与共的整体，希望各位都能全力以赴，当然我一定会做好后勤工作，成为你们最坚强的后盾，竭尽全力为你们排忧解难。"

对于刚上任的刘猛而言，他的确比很多下属的资历都浅。因此，他第一次开会就发号施令，显然不合时宜。尤其是在销售行业里，很多时候管理者都要依靠能干的下属出业绩，从而赚取薪水，养家糊口。从这个角度而言，管理者虽然是下属的引领者，但是也是下属的后备部队，随时要为下属清除障碍，让下属为团队实现业绩目标。

管理者和下属的区别就在于，下属通过自身努力，做出工作成就，而管理者要通过下属努力，做出工作成就。所以管理者既要对下属起到管理和统筹安排的作用，也要为下属服务，让下属做出优秀的成绩。若每个下属都足够优秀，可想而知这个团队将会多么辉煌。

需要注意的是，很多时候管理者提出命令，下属并非不愿意配合实施，而是不知道应该怎么做。针对这样的下属，诸如职场新人、对于工作岗位不熟悉的人或者是资质愚钝、悟性很差的人，都会对管理者的命令无动于衷。在这种情况下，管理者不要一味地抱怨自己遇到的下属都是很笨拙的，而要意识到作为一名优秀的管理者，除了要以身作则、身先士卒之外，还要能够管好那些优秀的人才，更要能够把平庸的下属变得杰出。这就是管理者与下属的互相成就。优秀的下属让管理者工作上卓有成效，优秀的管理者也能以高情商做好管理工作，潜移默化地改变下属，让下属成就卓越。

3. 管理者要敢于面对现实

首先管理者必须面对现实。哪怕把管理的艺术说得天花乱坠，如果工作上没有成效，他们也就不能被称为合格的管理者。一方面，管理者的管理必须有效；另一方面，下属的多样性和不愿意服从，也使管理者的工作甚至完全不见起色。在这种情况下，管理者陷入尴尬的境地，进退两难，举步维艰。然而，最终管理者还是要使工作卓有成效，才能给上级一个交代，也才能以实力在下属心目中树立威信，为自己管理工作的展开奠定良好的基础。

其次作为管理者，必然是组织内部的，因而要对整个组织结构的每一个成员负责。和管理者相比，医生的工作显得简单得多。医生工作的对象就是病人，而病人呈现在医生面前，一目了然。医生根据病人的病情诊断、治疗，最终药到病除，或者至少能够减轻病人的痛苦。总而言之，医生看到病人就掌握了一切的情况，而且病人的诉求也让医生在工作中有的放矢，那就是帮助病人。所以从事医生的工作，就不太需要组织能力，更高超的医术，就能使工作的有效性大幅度提高，甚至百分之百实现。相比之下，作为管理者，工作显然更加复杂。

再次，管理者不能逃避，哪怕工作再艰难，也要继续做下去。第一，管理者在工作上很少有创新性，因为所谓管理更多的是保持工作的日常运转。这样一来，管理者的工作目标也就变成了让一切按部就班地进行下去，不要出任何差错。第二，管理者在工作时间之内没有属于自己的时间。管理者就像是组织内部的囚徒一样，不管什么时候，都要为组织内的人员解决难题，做好后盾。管理者变得无法拒绝工作，哪怕是在家里享受休息日，也不得不马上接起电话。第三，管理者本身也是组织的一员，他们的工作价值无法通过自身实现，而要通过下属在他的管理下做出成就，为团队增光，管理者的价值才得以凸显。所以管理者的工作看起来似乎缺乏主观能动性，也常常被各个方面的因素掣肘。第四，管理者置身于组织内部之中，不管是事业的开拓还是能力的发展，都难免受到局限。很多管理者一味只盯着组织内部的事情发力，即使偶尔关注组织外部的事情，也总是带着主管的眼光，无法做到完全客观公正。实际上，这一切都归因于组织本身就是抽象的存在，任何组织都如同一个点一样存在，而它们的价值必须依靠外部去实现。所以组织内的每一个成员都要为外部服务，诸如医生为病人服务，管理者为下属服务。所以管理者必须学会面对现实，面对外部的世界，才有可能实现自己的价值，也才能更好地生存和发展。

作为一家化妆品公司的市场营销总监——琳达，曾经因为做出错误的决定，导致公司蒙受了巨大的损失。原来，一直以来，琳达都是以价格为消费导向，所以在进行市场策划时，也理所当然觉得客户会以价格为导向决定是否购买某件产品。就这样，琳达在研发新品口红的时候，以口红价格太高，注定无法取得良好的销售业绩为由，拒绝这款口红上市。实际上，这款口红虽然价格很高，但是却物有所值，因为它的品质很好，也能够为很多追求高品质的女性带来新的选择，这恰恰是琳达忽略的。

几个月之后，另外一家化妆品公司推出了这款口红，而且偏偏把价格定得更高。结果，这款口红卖得特别好，尤其是很多职场白领，都以拥有这款口红为骄傲。不得不说，琳达就这样眼睁睁地看着这款口红大卖特卖，却毫无办法，因为此时再跟风显然已经来不及了。

最后，很多管理者都存在一个误区，即纯粹地把自己的工作对象定义为人。实际上，管理者在职场上有着双重身份，一则他们要扮演好管理者的角色，管好整个部门，二则他们也有本职工作需要做，如果一味地眼睛只盯着下属，那么他们必然因为忽略了客观存在的外部，导致自己在工作上陷入被动且尴尬的境地。

毫无疑问，管理者的工作的确面临着这四个现实的问题，迄今为止，这四个现实的问题在管理中依然未得到有效解决，而要想成为卓有成效的管理者，就必须提高情商，要知道现代职场上情商比智商更重要，甚至在某种程度上决定了工作的成败。管理者唯有保持学习的态势，让自己的管理更有效，也成为下属的引领者，带领下属做出切实的成就，才能把管理工作做好，也才能让自己的职业生涯拥有更广阔的空间。

4.勇敢决策，打造个人魅力

在管理者诸多的工作任务中，决策是管理者必不可少的任务之一。因而管理者的一个重要角色，就是决策者。实际上，决策也可以作为管理者特有的工作任务，因为大多数普通员工只需要执行管理者的决策，而并不需要为决策劳心费神。

不得不说，在职场上，管理者的地位的确是很特殊的，他不同于一般的员工，也不需要做具体的工作，但是他却要为大局负责，要引领整个团队的发展。因而每当关键时刻，管理者的重要地位就凸显出来。尤其是在危急关头，很多员工都会把希望寄托在管理者身上，希望管理者能够成为群龙之首，带领他们走出困境。

现在职场上，很多管理者之所以沦为下属的保姆，就是因为他们事无巨细，不管什么事情都要亲力亲为，亲自做出决策。实际上，一个有效的管理者很少为不值一提的小事情耽误时间，他知道自己的任务是把握大的方向，而不是成为下属的保姆。所以他尽管为下属安排工作，布置任务，却不会安排每一个细节。通常情况下，他的决策是最高层的，也是关系到公司发展方向的。

然而，事情总是多变的，管理者不得不随时调整自己的决策策略，以适应瞬息万变的情况。因而管理者决策往往需要很长的时间，他们要进行充分的思考，也要考虑到很多突发的情况和意外，更重要的是，他们需要做出合情合理、让大多数人都满意的决策。众所周知，众口难调，所以管理者必须考虑到方方面面的因素，才能让自己的决策得到大多数人的支持。然而，不管管理者多么努力，他们的决策也不可能得到所有人的认可和满意，这也就注定他们还要接受少数人的质疑，承受住巨大的压力。

所谓乱世出英雄，即便管理者需要考虑到诸多因素，承受下属根本不能理解的巨大压力，在关键时刻，管理者依然要勇敢地站出来，作为群龙之首做出果断的决策。众所周知，管理者要想在工作上卓有成效，顺利推进管理工作，就要在员工之中树立威信。在危急时刻担当大任，做出重要决策，恰恰是帮助管理者树立威信的好时机。

有效的管理者，懂得抓住合适的时机进行决策，也知道自己的决策应该把握什么原则，更知道顺应形势，做出最佳的决策。其实，经验丰富的管理者都知道，勇敢做出决策只是处理问题的第一步，接下来，推行决策是更重要，也是直接影响决策结果的。因而，在制定决策时，管理者还必须考虑到决策执行的难易程度，尽量做出简便易执行的决策，从而让工作更顺利进行下去。

20世纪初，菲尔先生担任美国贝尔电话公司的总裁。菲尔先生在位的20年，创造了一个举世闻名的民营企业——贝尔公司。也许在如今的美国，电话系统由民营机构经营是再正常不过的，但是在当时，放眼全世界发达国家的电话系统，除了贝尔公司经营的北美洲不是由政府经营的，其他的电话系统全都归政府所有和经营。虽然当初电话系统属于垄断行业，而且原有市场已经饱和，但是贝尔公司却能够承受住巨大的风险，并且快速发展。当然，这并非偶然，因为菲尔在职期间完全摒弃美国人的保守作风，进行了四项大胆的决策。这四项决策，堪称战略性决策，给贝尔公司带来了新的发展契机。

最初，菲尔就意识到作为民营电话公司，必须打开特别的局面。当初，欧洲大多数电话公司都采取保守的发展策略，但是菲尔却意识到民营电话公司必须开拓新局面，主动进攻，因而，菲尔决定带领电话公司为全体民众服务和造福，把利润作为公司追求的次要目标，而把为社会服务作为公司的宗旨。此外，菲尔还意识到电话公司必须改变传统自由企业的面貌，变成公众管制。此后，贝尔逆势而动，大力推进这项制度。贝尔还意识到企业要想生存，必须不断开拓创新，因而他提出的第三项决策就是成立研究所，从而为企业保持活力和竞争力。菲尔认为，企业哪怕是垄断企业，没有对手，也要以未来为对手，不断推陈出新，永葆活力。在任期即将结束之前，菲尔大刀阔斧，为了增强贝尔公司的生存能力，他决定开创大众资本市场，从而大量融资。哪怕放在现代社会，菲尔的四项决策也是具有前瞻眼光，让人钦佩的。可以说，如果没有菲尔，就没有美国贝尔公司后来的辉煌。

迄今为止，菲尔为贝尔电话公司做出的一切努力，依然为人们所铭记，菲尔也作为商界传奇人物，得到了世界的瞩目。不得不说，作为管理者，肩负的担子的确很沉重，而唯有勇敢地肩负起这份责任，在做出重大决策的时候深思熟虑、深谋远虑，而且坚决果断，才能成为真正优秀的管理者。

现实生活中，很多人处理小事都犹豫不决，瞻前顾后，实际上他们根本不具备成为优秀管理者的潜质。任何时候，作为一名有效的管理者，都要比普通员工站得更高，看得更远，才能最大限度发挥管理者的最大作用，也才能带领下属和公司奔向既定的方向，争取得到更好的发展。当然，很多管理者在做出决策的时候，难免受到主观因素的影响。这种情况下，更要见多识广，开拓眼界，从而从自身的局限性中跳脱出来，做出尽量客观的决策。必须承认，没有人生而就能做出判断，做出决策，作为管理者更要抓住各种机会历练自己，提升自己的个人魅力，从而才能综合各方面情况做出最有效的决断。

5. 一诺千金，让承诺更有分量

作为管理者，在工作中必然要注意协调上下级关系，尤其是在公司发展遭遇困境的时候，为了力挽狂澜，很多管理者还会给出一些承诺。而等到渡过难关之后，是兑现承诺，还是把承诺抛之脑后呢？也许那些冲动之下做出的承诺，会让管理者在度过危机之后觉得肉疼，然而无论如何，管理者都必须一诺千金，兑现承诺，从而才能让自己的话更有分量，也才能在下属心目中树立威信。否则，也许食言能够帮助管理者减少损失，但是在下属心目中失去威信的损失是任何止损的行为都无法挽回的。

现代社会是诚信社会，虽然不乏有一些不守承诺的人，但是社会对于信用体系的构建却更加成熟和完善。诸如，有些学历造假的人被取消了购房资格，有些不能兑现承诺的人被记到"黑名单"上，还有些偿还信用卡不及时的人甚至不能贷款买房。不得不说，失去信用的代价是非常惨重的。作为管理者，要珍惜自己的信用，要像爱惜自己的眼睛一样爱惜信用。唯有做到一诺千金，管理者在工作中才会更顺利，也才能让承诺更有分量。

曾子是孔子的得意门生，也是一个信守承诺的人。一天，曾子的妻子要去集市上赶集，儿子看到了，也哭喊着要和妈妈一起去。妈妈说："你乖乖回家等着妈妈，妈妈回来就杀猪给你吃。"听说有猪肉吃，儿子破涕为笑，满怀希望地回到家里等着。曾子看到儿子坐立不安，便问儿子着急什么。儿子告诉曾子："我等着妈妈回来杀猪吃肉。"

直到傍晚时分，妻子才从集市上回家。看到曾子正在磨刀，妻子不解，问："你磨刀干什么？"曾子反问："你不是许诺儿子要杀猪吃肉吗？"妻子笑着说："你这个书呆子，我是骗孩子回家的，哪里能当真呢？况且，全家都指望着这口猪过年呢，你现在把猪杀了，离过年还早着呢！"曾子一本正经地对妻子说："如今你骗了孩子，孩子将来不但不会再听你的话，而且还会去欺骗他人。今天，这猪必须杀，留不得！"妻子听完曾子的话，也意识到问题的严重性，因而无话可说，只得任由曾子把猪杀了。他们全家把猪肉分给左邻右舍，让大家都吃了一顿香喷喷的猪肉，兑现了对孩子的承诺。

曾子用亲身实践告诉我们，作为父母，一定要对孩子言而有信，才能在孩子心目中建立威信，日后对于孩子的教育工作才会事半功倍。否则，连父母都在骗孩子，孩子还如何相信这个世界，还如何以诚信对待这个世界呢？现代社会，很多父母都抱怨孩子不好教育不听话，实际上，对孩子最好的教育是无声的教育，即以身作则，以实际行动作为孩子的表率，帮助孩子树立正确的为人处世观。

其实，从某种意义上来说，管理者也像是整个企业的大家长一样。有的时候，管理者会敷衍员工，殊不知，员工已经把管理者的每句话都深刻地记在心里，并且寻求兑现。一旦管理者食言，员工当然不会像以前那样信任管理者，不得不说，管理者不守诺言实在是得不偿失。很多朋友从小就听说过《狼来了》的故事，也知道人的信任是经不起肆意践踏和消耗的。明智的管理者不会让自己的话落空，除非遭遇不可抗力因素，他们总会竭尽全力兑现承诺，从而赢得下属的尊重和爱戴。尤其是管理者的职位比普通员工高，某种程度上甚至代表了公司。如果管理者把自己的话不当话，而是让其随风飘散，那么员工未来就不会信任管理者，甚至还会对公司失去信心。每一个企业都渴望拥有更多忠心耿耿的员工，殊不知，企业与员工之间的信任是点点滴滴建立起来的，而破坏就在一瞬之间。所以，明智的管理者会像爱惜眼睛那样爱惜自己的名誉，绝不随随便便就忘记自己说过的话。

诚信，是人立于世的基石。人无信而不立，别说是作为管理者，哪怕是小小年纪的孩子，也知道说到就要做到的道理。否则一旦失信于人，未来不管说什么都毫无分量，可想而知这将会给生活和工作带来多么大的困扰。想要成为有远见卓识的管理者，从现在开始，就要建立自己的诚信，也让诚信为自己的人生加分。

6. 不患寡而患不均，要公平对待员工

《论语·季氏》第十六篇中记载："丘也闻有国有家者，不患寡而患不均，不患贫而患不安。盖均无贫，和无寡，安无倾。夫如是，故远人不服，则修文德以来之。既来之，则安之。"这句话的原意是孔子追求天下大同，贫富均匀，从而避免战争的发生。仅仅看"不患寡而患不均"，意思是告诉人们分得少没关系，只要大家分配均匀就好。当然，孔子是圣人，有着高尚的思想境界，他所提倡的儒家学说，也的确使人更加接近天理。

什么是公平？就是指每个人都平等地存在，毫无差别。然而，人与人之间真的不可能做到绝对公平，而只能实现相对公平。在现代社会，尤其是在职场上，因为有了付出与回报之间的关系，也使得公平变得再也不公平，甚至真正的公平必须建立在绝对的不公平之上。

很多公司的核心价值观里都有公平这一项。然而，无差别地对待每一位员工是根本不可能实现的。虽然这个社会都在提倡公平，法律和道德也保护公平，但是不公平还是堂而皇之地出现在职场上。

作为管理者，如何才能做到公平对待员工呢？不论员工付出多少，对员工永远一视同仁；不论员工在工作上的表现和成就如何，对员工全都施行均分主义。显而易见，这种形式上的公平透露出来的是本质上的不公平。毋庸置疑，职场上有的员工绩效高，有的员工绩效低，如果仅仅按照出勤率来考量员工的所得，显然很不公平。不但古代社会存在滥竽充数的人，现代职场上同样有很多人缺乏责任心，滥竽充数，蒙混度日。如果管理者愚蠢地执行这样的公平，对于高绩效员工和低绩效员工一视同仁，那么显然是职场上最大的不公平，最终他不但无法成为优秀的管理者，甚至还会被判定是不合格的管理者。从大锅饭时代之后，整个社会都步入市场经济时代。每一位劳动者也从大锅饭时代的旱涝保收，成为今天的多劳多得、少劳少得、不劳不得。正是因为这种酬劳制度的推行，所以才使得那些浑水摸鱼的人无法再揩集体的油，那些在工作中努力上进的人也得到了应得的回报。时代发展至今，按劳取酬的薪酬制度也更加成熟，几乎各行各业的公司都有了完善的、相对公平的薪酬制度。正是在这种制度的激励下，人们才更加坚持不懈地努力，用自己的付出换取赢得的报酬。作为现代职场的管理者，也必须更好地贯彻这个原则，从而激励员工的积极性，也带动全体员工更加的干劲十足。

老宋在一家私人诊所工作，除了老宋之外，还有一名医生，唤作老张。老宋医术高超，以前就在社区服务站工作过，因而考取了全科医师职业资格证。但是老张却是赤脚医生，没有任何学历和证书，只是靠着经验。原本，老板招聘老宋和老张，只是让老张给老宋打下手的。但是，随着彼此之间越来越熟悉，老张也向老板提出要求，要求得到和老宋差不多的待遇。老板当然知道，他每个月给老宋开8000元工资，只给老张开3000元，这也是根据老宋和老张的水平定的。

但是如果不给老张涨工资，老张就要辞职，虽然老张不是个技术高超的医生，但是如果老张走了，老宋一个人根本顾不过来整个诊所。无奈之下，老板只好把老张的工资涨到 6000 元每月。

一段时间之后，老宋得知老张的工资涨了，也很不乐意。毕竟他才是诊所的支柱，为何和一个赤脚医生得到差不多的待遇呢？为此，老宋也闹起了意见。无奈，老板只好改革工资制度，给老宋定 6000 的底薪，给老张定 3000 的底薪，然后根据他们的处方量，给他们发薪水。这样一来，老宋明显占据优势，很多病人知道老宋的水平后，都专程等到老宋当班的时候才来问诊。毫无疑问，一个月下来，老宋月薪过万，老张的月薪只有四千多元。看着老板整理出来的处方，老张虽然心中愤愤不平，嘴上却什么也说不出来。

在所有的薪资制度中，按照绩效发提成，给予一定的保底薪酬，是相对比较完善的薪酬制度。一则这样可以保证员工有基本的生活保障，二则也能够拉开不同水平的同事之间的薪资水平，而且让大家都无话可说，根本不能抱怨。正是因为老板灵机一动采取了这个策略，老宋和老张都觉得合理公平，也提不出非议。如果不是老板及时解决这个问题，依然让老张和老宋拿差不多的薪水，那么老宋最终必然失去对待工作的积极性，也沦为低绩效的员工。所以，这样的薪酬制度能起到很好的激励作用，从而让整个团队都进入竞争的状态，而整体业绩也会水涨船高。

很多管理者自诩公平，无差别对待高绩效员工和低绩效员工。最终，不但惯得低绩效员工自由散漫，而且导致高绩效员工对工作失去信心，也对管理者失去忠诚。所以如果遇到高绩效员工，管理者要对他们表现出特殊的关注。当然，画饼充饥在现代职场已经不合适，对于那些给自己创造巨大利润的高绩效员工，管理者还应该对他们做出实实在在的表扬，让他们得到切实的激励。

　　然而，管理工作总是很难的，因为管理工作面对的是人，而不是任何机器。当无差别的对待使管理者失去高绩效员工的忠心时，管理工作就会很难进行下去。尤其是高绩效员工意识到自己哪怕付出很多，也得不到更多，而低绩效员工也意识到，哪怕付出很少，也能蒙混过关，和那些高绩效员工得到同等回报时，整个团队的工作状态都会陷入低谷，变得非常糟糕。面对工作上的困境，作为管理者，不管是从公还是从私，都应该更加努力提高自身的情商，采取各种手段激励高绩效员工，也想方设法鞭策低绩效员工，这样才能让工作事半功倍，效率倍增。

7. 善待压力，使它成为前进的引擎

　　毋庸置疑，管理者承受着巨大的压力，他们不但要对自己的上级负责，更要对自己的下属负责。尤其是如何调动下属的工作积极性，通过下属的表现成就整个团队、成就自己，更是他们面对的急需解决的难题之一。任何以人为对象的工作，都注定要进展艰难。每个人都是世界上独一无二的个体，每个人都有自己的小宇宙，在这种情况下，如何搞定由人组成的团队，是管理者必须面对的问题。

　　对于压力，人们始终陷入一个误区中，即觉得只有负面消极的事情才会给人带来压力，而那些积极正向的事情则只会给人带来积极的情绪。实际上，这种观点是完全错误的，诸如结婚生子、晋升、移民等好事，同样会使人感到压力倍增。所以从这个角度而言，只要是需要努力才能做到且做好的事情，都会给人带来压力。

从生理的角度进行分析，一个人如果长期处于压力之下，身体就会分泌出很多以皮质醇和肾上腺素为主的压力荷尔蒙，使身体处于备战状态。此时，他的交感神经系统也会变得异常活跃和敏感，随时准备应对危机。皮质醇能够迅速分解人体内的蛋白质，给人体提供充足的养分和能量，补充人体的消耗。它们不会一味地等待危机出现，而是先发制人。因此，当一个人承受着巨大的压力，他的身体就会始终保持警戒，保持压力荷尔蒙处于高度水平。然而，对于人体健康而言，长期分泌大量皮质醇和肾上腺素是非常有害的。三文鱼逆游产卵时，就要倚靠分泌大量的皮质醇去分解蛋白质，提供能量。这直接导致三文鱼习惯性分泌大量皮质醇，在产卵后，因为皮肉腐烂而死亡。当肾上腺素大量分泌时，人体也会心跳加速，导致心脏负荷过重，形成心血管病，从而使身体状况越来越差。如今，很多职场人士都处于高压之下，所以他们的身体呈现出亚健康状态，出现记忆力衰退、消化功能减弱等问题。长期的巨大压力，使他们进入恶性循环状态，也导致人生变得紧张局促。

然而，现代社会原本就生存艰难，职场上的竞争也越来越激烈，就连小小年纪的孩子都为了不输在起跑线上而不懈努力，更何况是成人呢？作为管理者，哪怕备感艰难、举步维艰，既然晋升到相应的职位，就要一往无前，背负着压力前行。有些明智的管理者情商很高，他们知道既然无法逃避压力，那么就善待压力，从而把压力转化为不断促使自己进步的动力。这就像一位名人曾经说的，既然哭着也是一天，笑着也是一天，为何不笑着度过生命中的每一天呢？尤其是作为管理者，情绪不仅关乎自身，更关系到每一位下属，所以更要调整好自身的情绪，才能带动整个团队都精神抖擞地奋勇向前。

厄尔提斯原本是一名默默无闻的越野跑运动员，直到在古希腊主办的一次奥林匹克运动会上夺冠，他才为人所知。大家都不明白，年轻的厄尔提斯是如何击败那些经验丰富、体能强大的选手，获得冠军的。因而很多人追问厄尔提斯获胜的原因。厄尔提斯笑着说："因为有狼在追我。"听到厄尔提斯的回答，人们依然百思不得其解，赛道被清理得很干净，怎么可能有狼出没呢！后来，在人们的再三追问下，厄尔提斯才说出了真正的原因。

原来，教练始终认为厄尔提斯是有潜力的，但是在训练进展到一定阶段后，教练不管采取什么办法，都无法使厄尔提斯的成绩更进一步。渐渐地，教练也黔驴技穷，而眼看着比赛将至。有一天，教练突发奇想，假如让一头狼在后面追赶厄尔提斯，在保住性命的压力下，他一定能够激发出所有的潜能，拼尽全力吧！说干就干！一天，当厄尔提斯跑到半道上时，趁着四周无人之际，教练藏在树丛中学狼叫。听到狼的叫声，厄尔提斯意识到狼距离自己很近，他甚至没有时间回头查看情况，就不顾一切地奔跑起来。他一路飞奔到达终点，依然惊魂未定。教练问他为何跑得那么快，他坦白承认："似乎有狼在追我，而且离我很近。"教练神秘莫测地笑了，说："看来你完全可以跑得更快，只要身后有狼。"这一次，厄尔提斯突破了自我，成绩有了很大的提高。过了很久，他才知道那天追赶他的根本不是狼，而是教练。从此之后，厄尔提斯似乎找到了逼迫自己的好办法：每次训练，他都会想象着有一群饥肠辘辘的狼正在追赶自己，对自己垂涎欲滴。

如果不是教练想出这个好办法，也许厄尔提斯永远都只能是二流的越野跑运动员。实际上，人的潜力是无穷的，当压力达到一定的程度，人就会激发出自身的潜能，爆发出所有的力量，从而创造奇迹。作为管理者，压力越大，动力也就应该越大。正如西方的一句谚语所说，伟大的人总是善于利用压力，能干的人总是能够适应压力，而平庸的人总是不顾一切地逃避压力。作为管理者，你是要当伟大的人、能干的人还是平庸的人呢？相信大多数朋友都会做出正确的选择。

实际上，压力从来都与生活如影随形。尤其是现代职场竞争如此激烈，不管是普通员工，也不管是管理者，抑或是老板，都同样承受着压力。要想提升对压力的承受能力，管理者可以修身养性，诸如通过挑战自我的方式突破极限，提升心理承受能力，从而也具备更强大的内心，足以与压力抗衡。当然，和对抗压力相比，转化压力为动力无疑是更高明的方法。这就要求管理者学会改变角度看待问题，积极乐观地解决问题。

如果说压力是一种刚强的金属材料，那么压力既可以制造武器用来杀人，毁灭别人也毁灭自己，也可以用来制成为汽车提供动力的引擎，让汽车快速奔驰在人生的路上。常言道，这个世界是一面镜子，你对它微笑，它也回报你微笑；你对它哭泣，它也回报你哭泣。压力也是如此，如何善用压力，取决于我们对待压力的心态。作为管理者，不管面对怎样的压力，始终都要保持积极乐观、奋勇前进。这样，不但管理者自身会鼓起勇气，在管理者带领下的整个团队也会充满信心，直至创造奇迹。

当然，在长期的巨大压力下，管理者也要学会舒缓压力、减轻压力的方式。掌握减轻压力的方法，有助于帮助紧张忙碌的现代人减轻压力，消除自身的疲劳，也获得更高质量的睡眠。减轻压力，主要依靠运用自身的潜意识，给予身体暗示，从而帮助身体达到最佳的状态。大多数现代人生活紧张忙碌，根本无法得到充足的休息，如果每天能够用二十分钟左右的时间帮助自己舒缓压力，那么他们就能够有效舒缓压力。这种方法还有助于改善睡眠，当然，前提是他们要相信这种方法，并且能够坚持下去循序渐进。

第一部分：在一个安静的地方，以最安逸的姿势坐下或者躺下，轻轻地闭上眼睛。缓慢而舒缓地深呼吸三至五次，如果当时非常疲倦或者始终遭到失眠的困扰，那么可以深呼吸八次或者更多。在吸气的时候，尽力想象自己正在吸入新鲜的氧气，在呼气的时候，也要相信呼气正在带走身体里的污浊和杂质。呼气的时候，要尽量放松后颈和肩膀的肌肉。每次呼气，都要更加放松，并且让放松的感觉蔓延到身体的其他部位。直至全身放松之后，接下来进行第二部分的练习。

第二部分：把所有意识都集中在身体里感觉最强烈的那一点，也就是潜意识或者心灵的栖息地。如果初次接触NLP，那么受导者可以用一只手按压胸部，从而以胸口被按压的感觉作为潜意识的所在。接下来，受导者要与潜意识交流："感谢你一直以来陪伴着我，为我付出，接下来我们休息吧，我们要休息XX分钟。在休息期间，要让身体的每一个细胞都彻底放松，获得活力与生机。在XX时间（预定的休息时间）之后，我会获得新生，变得完全不同。我精力充沛地开展一天的工作，全心全意投入学习，迎接人生的更多挑战，也收获更多的快乐"（注意：必须讲明时间，可以是多少分钟，也可以是多少小时，或者特设的时间，如明天清晨六点等。）

第三部分：首先，想象曾经亲眼目睹的三种事物。闭上眼睛，想象身边的事物或者以前曾经看过的事物，等到看清楚一件事物之后，再接着看第二件、第三件事物。其次，集中注意力，凝听周围的三种声音。假如周围很安静，也可以回想以前听到过的三种声音。最后，把全部注意力都集中在身体上任何有感觉的三个部位。接下来，重复上面的内视、内听、内感的步骤，但是对每种感觉的尝试不要超过两次。再接着，还要继续重复上面的内视、内听、内感的步骤，但是对每种感觉的尝试不要超过一次。

重复这样的过程之后，相信你的失眠心烦、焦虑不安等状态都会大大好转。作为管理者，除了管理好他人之外，更要管理好自己的情绪情感，尤其是要控制自身的潜意识，从而让自己身心合一，达到最好的状态。

8.发挥影响力，诲人于无形

生活中，当你在等红绿灯的时候，你原本是想等到红灯变成绿灯再走的，但是看到其他人三三两两地走过去，尽管你知道闯红灯是不好的行为，但是你还是忍不住随大流，跟在人们身后紧张地横穿马路；有的时候，你路过商场，看到商场门口有很多人簇拥在一起抢购打折的食品或者服装，你不由得也好奇地凑过去，最终在他人掏出钱包付钱的时候，你似乎觉得不掏钱包就对不起自己一样，因而也顺从地掏出钱包买了点儿什么，以安慰自己的心；每天下午，其他同事都会喝下午茶，虽然你并不饿，也不需要休息，但是只剩下你一个人工作似乎显得矫揉造作，而且独自留在办公室里让你很没有安全感，为此你也和大家一样每天喝下午茶……看起来，你似乎被催眠了，完全失去了自己的主见，只会一味地顺从别人，而且还是在别人没说任何说服的话时，你就主动缴械投降，放弃了自己所谓的个性、特立独行等等。实际上，别担心，你并没有被人催眠，你只是被他人的影响力潜移默化地改变了而已。没错，这就是影响力的神奇作用，几乎没有人能够逃脱影响力的魔力。

在大自然里，动物也许会因为看到特定颜色的羽毛就变得暴躁易怒，极具攻击性，也许会因为听到某种特别的叫声就改变心性，甚至开始细心照顾自己的天敌，听上去这就像天方夜谭，实际上则是动物做出的机械反应。而且，这种机械反应在特定的条件下也会出现在人类身上，使人在接触到某个触发特征之后，就完全不经过思考，做出相应的反应。千万不要觉得这是天方夜谭，这都是影响力在作怪。不得不说，影响力是一种非常强大的武器，影响力完全是诲人无形。那么，作为管理者，如果也能借助于影响力的神奇力量，不动声色地影响下属，那么这样的管理可以称之为"无为的管理"，也代表着管理者的至高境界。

每年春节之后，因为公司里有一些人员流失，也因为很多人在春节后四处找工作，所以，公司人力资源总监林雅就到了最忙碌的时候。其实，忙碌倒没关系，既然拿了老板的薪水，就应该为老板努力干活。最让林雅头疼的是，现在的求职者中有很多都是眼高手低的青年人，他们自身条件不足、经验一般也就罢了，偏偏对公司提出很多的要求，而且动辄不等林雅否定他们，他们就先把公司给否定了，留下愣愣怔怔的林雅张口结舌。

林雅所在的公司以从事销售为主，更不好招聘人员。众所周知，销售是这个世界上难度最大的工作，很多人好高骛远，根本不愿意从事销售。因而林雅作为人力资源总监，没少挨求职人员的白眼。这不，林雅面试了一个看起来非常自信的大男孩。这个大男孩刚刚大学毕业，林雅很想争取这个男孩来到公司，但是以往的好态度显然没有帮助林雅如愿以偿，因而林雅这次决定施展一下影响力。

果不其然，面试进入尾声，大男孩问起薪水的问题，林雅没有因为公司较低的底薪而心虚，而是底气十足地告诉大男孩："至于底薪，我觉得你根本没有必要问。你应该关心的是提成，因为谁都知道真正的销售人员从不靠底薪活着，而是凭着高业绩拿提成挣钱。底薪只有一千块，即便如此，排队面试的人也已经排到了一个月之后。你要尽快做决定，因为时不待你。"说完，林雅非常潇洒地合上面试的文件夹，喊道："下一个！"大男孩当即迫不及待地表态："我愿意。我会努力的。"

林雅在心里笑了：看来，发挥影响力，才能控制这些求职者于无形啊！

这次面试过程中，林雅的确发挥了影响力。首先，她很有底气地告诉男孩销售人员从不靠着底薪生活，又告诉男孩面试的人络绎不绝，最后还漫不经心地合上文件夹，主动结束面试，表现出高姿态。如此三个因素综合起来，使得大男孩有些摸不着头脑，也不知道林雅说的是否属实，就迫不及待地表明了态度。林雅采取的策略，就像是很多商家会故意抬高商品的价格，从而给客户造成"价格高，品质好"的假象。而林雅也使求职者意识到，公司以底薪招聘人才，正是因为前途无量。这样一来，应聘者自然对公司趋之若鹜，也就不再犹豫不决了。

通常情况下，影响力要想发动，就需要触发特征。施予影响力的人，一定是触动了被施加影响力的人特定的心理或者是情绪情感，因而使他们不假思索就做出反应。当然，影响力在生活中随处可见，只不过有很多人没有意识到影响力的存在，因而导致对影响力漫不经心。作为管理者，如果能够深入研究影响力，也擅长使用影响力，那么就能把影响力应用到工作中，发挥巨大的作用，也使得一切都水到渠成。

　　有的时候，为了拉近与员工的关系，管理者还可以采取互惠原则，先给予员工更多的额外照顾或者好处，从而让员工产生互惠心理，情不自禁想要回报管理者。如此一来二去，管理者与员工的关系自然越来越亲近，也会得到员工的忠心拥护和爱戴。其实，影响力还有更广泛的内涵和使用范围，唯有处处留心，管理者才能把影响力发挥到极致。

第二章

运筹帷幄，掌控全局，让管理事半功倍

　　很多管理者看似每天都非常忙碌，实际上效率却很低，这是因为他们就像没头的苍蝇一样东一头西一头，完全没有秩序可言。管理者既然承担着重要的责任，就要比普通的职员眼界开阔，眼光长远，这就要求他们必须运筹帷幄，掌控全局，从而合理安排一切工作，让管理事半功倍，效率倍增。

1. 事有轻重缓急，合理安排效率高

毋庸置疑，每一位管理者每天都要面对很多事情。在这些事情之中，有些是急于处理的，有些是可以暂时放一放的，有些是非常重要、不能出任何纰漏的，有些是不那么重要也必须面面俱到的。然而，管理者也是普普通通的人，每天也只有 24 个小时的时间，除了工作之外还要吃喝拉撒、衣食住行，还要照顾好家庭。这也就注定了管理者的时间永远不够用，尤其是在工作时间内，管理者可以自由支配的、属于自己的时间少之又少。

众所周知，在机会转瞬即逝的职场上，唯有抓住机会，才能赢得更好的发展。然而，机会虽然很多，甚至就摆在人们的面前，人们却因为没有做好准备，或者因为过于紧张局促，导致根本无法抓住机会。尤其是管理者，还要面对工作过程中随时有可能出现的问题和意外的危机，做好应急处理，这就对管理者提出了更高的要求。

既然事情的紧急程度和轻重程度都不一样，那么管理者为了让工作更加合理高效，也为了避免自己因为手忙脚乱导致什么事情都做不好，就要给事情进行一定的排序。诸如，可以优先处理一些事情。这样一来，必然能够提高处理事情的效率。那么，管理者要怎么对事情进行排序呢？其实，管理者可以把所有事情分成四类，即紧急且重要的事情、重要而不紧急的事情、紧急但不重要的事情、不重要且不紧急的事情。以此类推，管理者按照先后顺序处理所有的事情。毋庸置疑，不管工作有多少，管理者每天用于工作的时间都是相似的。所以管理者要优先处理紧急且重要的事情，然后把无关紧要的事情往后拖延，甚至完全放弃。

很多管理者习惯于以压力来决定是否完成某些工作，实际上，这样必然导致他们错过很多重要的工作。因为最重要的工作是执行决策，这项工作需要耗费大量的时间，而如果管理者以压力来对工作进行排序，那么执行就会被忽略。所以，在排序的时候，管理者应该把重要而不紧急的事情排在紧急但不重要的事情之后。摆正这个观点，管理者就会轻而易举地知道哪些事情是必须优先去做的。而对于那些不紧急且不重要的事情，管理者一旦将它们暂缓，也许就意味着它们再也不可能被提上日程。

此外，把握合适的时机也很重要。很多时候，管理者一旦错过时机，就会导致整个计划延期，甚至不再被提起。所以一个优秀的管理者为了保证自己的工作顺利展开，必须把握好时机，绝不延误，当机立断，展开行动。要知道，很多事情一旦被暂缓，导致变成"优后"，就相当于被取消。而一旦被同行抢先，就会导致在市场竞争中陷于被动的地位，使得原本的先机变成了滞后。

作为一家奶制品公司的管理者，刘副总一直以来把公司管理得很好，经营上也进展顺利。有段时间，市场营销总监提出推出一款高端奶，从而拓展市场。刘副总因为忙于其他的事情，在市场总监把营销策划案提交上来之后，一直没有时间认真看。结果，半年之后，他们的竞争对手公司抢先推出一款高端牛奶，强占了高端奶市场。原本刘副总以为高端奶的销量未必好，却没想到对手公司营业额上涨很快，这使刘副总后悔不已。

后来，刘副总虽然也召开紧急会议，并且加紧开发和研制高端奶，但是等到他们半年后准备推出的时候，竞争对手公司已经在市场上占领了很大的份额。因为一时的暂缓，公司的经营受到很大的影响，虽然加大了广告的投放，但是效果却不明显。后来，他们花费了很大的力气，才从竞争对手公司手中夺回市场份额，让营业额有所起色。

显而易见，刘副总耽误了重要但不紧急的事情，导致公司失去先机，发展滞后。实际上，如果他能够给事情一个准确的排序，把重要但不紧急的事情处理好，那么他们就能够顺利占领市场，也能够最大限度获得盈利。

作为管理者，一定不要在处理事情的时候本末倒置，也不要不分轻重主次。总而言之，暂缓某项工作并不是让人愉快和有成就的事情。很多时候，我们的"优后"恰恰是他人的"优先"，我们的暂缓也恰恰是他人的抢先。当好管理者真的很不容易，不但要把千头万绪的工作做好，更要管理好员工的日常工作，同时也要高瞻远瞩，目光长远，规划好公司的未来和发展前景。

2. 适时开会，会议在于精而不在于长

作为管理者，最经常的工作也许就是开会。向下属布置工作要开会，集思广益想办法要开会，传达上层的精神要开会，甚至协调下属之间的关系也要开会。作为工作中必不可少的会，俨然已经成为管理者不可或缺的管理工具。有些从事销售行业的人，甚至每天都要开会，管理者给销售人员鼓舞打气，让他们精神抖擞做好工作。然而，会议虽然有这么多的作用，有的时候却也会起到完全相反的效果。开会是需要时间的，如果管理者的会议短小精悍，那么开会还不至于显得那么难熬。如果管理者的会议总是如同老太婆的裹脚布一样又臭又长，那么未免会占用下属太多的工作时间，也导致管理者自身可以用来切实工作的时间越来越少。然而，哪怕是善于管理时间的管理者，也难免会花费很多时间用于给下属开

会，以及在上级召开的各种会议上做报告。

高效工作的管理者，当然知道会议能给他们带来什么，也会在开会之前就限定开会的目标或者是内容。实际上，为了使会议起到预期的效果，变得卓有成效，他们更是会展开自我反思，扪心自问："这次开会要达到什么目的？还是为了宣布某项决策或者人事任命？或者只是为了给下属们指出正确的方向，从而避免他们在工作中走那么多的弯路？"总而言之，开会绝不会是一件简单的事情，要想卓有成效地开会，作为会议的组织者和发起人，管理者必须提前设定会议的目标，这样才能在会议过程中有的放矢，取得最好的效果。而且，高效的管理者不会漫无目的地开会，而是坚持每次开会必然有所收获，这样才能把会议的作用发挥出来，不至于浪费下属宝贵的时间。

作为一家房地产经纪公司的门店经理，根据公司的要求，李杜每天早晨都会给经纪人开会。一开始，他的会议还能适时结束，然而随着工作中凸显出来的问题越来越多，李杜的会议变得越来越长。原本房地产经纪公司上班时间就很晚，早晨九点半才正式开始上班，很多时候李杜一个会开下来，居然到了快十一点。就这样，经纪人九点半来上班，开了个会，就该去吃午饭了。

李杜还很喜欢把会议变成茶话会，虽然没有茶，也没有花，但是话却不少。针对一个问题，他自己长篇大论地说完了，就会让经纪人继续轮番发言。渐渐地，经纪人越来越惧怕李杜开会，还有些人甚至公开对李杜的长会表示反对。对此，李杜总是以公司制度作为搪塞的借口："没办法，公司要求晨会夕会的。"他从未反思过自己是否把一天之中的两个会搞得时间太长了，因而导致经纪人工作效率低下。渐渐地，大家跟着李杜除了开会，似乎并没有更好的出路。为此，很多经纪人纷纷选择离职或者调店，李杜所负责的门店居然从二十多个经纪人，变成了只有七八个经纪人。看着店里每天冷冷清清的，李杜根本不知道问题出在了哪里。

　　作为一名管理者，尤其是作为一名销售行业的管理者，既然公司要求开晨会和夕会，那么就应该要有意识地控制开会的时间，不能把每天的会议都延长那么久。否则，工作的时间本来就很宝贵，却让开会占用整个上午，可想而知工作效率将会多么低下，而会议也因为拖沓冗长，最终导致经纪人都很厌烦，更不可能认真听清楚会议的内容。最糟糕的是，当管理者的会议变得无效，不能给下属带来切实有效的帮助，下属就会渐渐地对管理者失去信心，甚至选择脱离原来的团队，加入新的团队。不得不说，这对于管理者而言是莫大的损失。然而，只要管理者调整态度，把握时机开会，那么这种状况也是有可能改变的。

　　要想成为一名卓有成效的管理者，一定要提高自己的情商，不要一味地借助于会议来凸显自己的重要。很多管理者在开会的时候，身兼数职，既是会议的主持者，又在会议上高谈阔论、长篇大论，最终导致会议变成了他的一言堂，而下属根本没有机会表达自己的意见和看法。这样的会议，显然是无效的，而且有可能还是有害的。每次开会，管理者都要摆正心态，把重心放在对会议的贡献上。的确，会议必须有所收获，否则会议开了相当于没开，那么必然使得人们非常被动。

　　作为管理者，每个人都要记住会议的原则，即对会议有所贡献。当管理者重视自身对于会议的贡献，至少能够帮助他们从乱糟糟的琐碎事务中整理出头绪来。重视贡献还可以作为组织原则，从而帮助管理者把各项工作都整理出头绪，也能够把原本看似独立的工作作为整体来对待和处理。此外，当管理者重视贡献，还可以改变他们的心态，不再仅仅依靠他人实现工作上的成就。这样能够更大限度激发出管理者的潜力，让他们变得效率倍增。

　　需要注意的是，很多管理者在管理工作中其实都是有局限的。即他们总是局限于组织内部，很难从组织内部跳出来，超越组织之外。这不但局限了他们的视野，也使得他们迷失了自我。要知道，一个真正优秀的管理者必然具有远见卓识，对于外界的一切也感觉敏锐。这就要求管理者的视线要从关注组织内部，变为关注组织外部的辽阔世界。当管理者更多地关注外部，也与外部建立密切的联系，那么管理者的工作视野会更加开阔。总而言之，管理者要具有高情商，既要看重组织内部，也要关注和密切联系组织外部，唯有心怀天下，管理者才能带领组织取得更好的发展，也才能让自己的工作卓有成效。

3. 成为时间的主人，掌控全局

每一位管理者在工作中都不是一帆风顺和全然轻松的。大多数管理者在工作过程中都会遭遇到各种各样的压力，为此，他们必须花费很多时间，用于处理非生产性事务。有的时候，即使明知道有些事情很浪费时间，身为管理者也必须去做，这就是管理者的无奈。曾经有名人说，管理者根本没有属于自己的时间。然而，人的生命是有限的，时间对于每个人也是完全公平的。一天之中的 24 个小时，到底要如何安排才能更加高效呢？作为管理者，要想把工作做得井井有条、面面俱到，最重要的就在于要合理安排时间，把每一分每一秒都用到刀刃上，这样才能做好大多数事情，也在管理的工作岗位上游刃有余。

现代职场上，有很多管理者都不是时间的主人，而是时间的奴隶，也因此根本不可能掌控全局。试想，假如管理者整天都被时间追着跑，而且哪怕忙得脚不沾地也无法做好大多数事情，那么他如何能够真正主宰时间，把工作安排得井然有序呢？而且，随着管理者在组织内部的地位越来越高，他的时间也就更加不够用。在这种情况下，管理者必然要学会管理时间，主宰时间，才能让自己的职业生涯发展得更好。

如今，让很多管理者头疼的是，中国作为人情社会，不管做什么事情都以人情为重。所以很多公司的负责人，不但白天要竭尽全力地工作，为公司消除危机，晚上还要代表公司请客户吃饭，参加各种各样的应酬。曾经有公司的总经理，一年之中 365 天，除了年夜饭是在家里吃的，其他时间每天晚上都在陪着客户吃饭、喝酒与唱歌。可想而知，这位总经理多么的身心俱疲，而作为他的家人又是多么的孤独寂寞。对于这样的现状，他也感到很为难，从内心深处来讲，他是不愿意参与各种应酬的。然而从现实来讲，他又不得不违心地每天晚上陪着客户吃饭。有的时候，他们还需要参加送别老同事或者欢迎新同事的聚会，哪怕心里再不乐意，表面上也要装作很开心的样子，这真的使人备受煎熬。如果有一天，能够不需要请客吃饭送礼就能把生意做好，那么对于大多数管理者而言真是天大的好消息。

不得不说，工作上要想卓有成效，首先必须保证时间的连贯性。管理工作同样如此，既被琐事缠身，又要腾出大块的时间进行规划和设计，同时还要承受家人因为得不到陪伴的满腹牢骚，真的是很不容易。很多熟悉科研工作的人都知道，哪怕完成一次简单的实验，也需要少则几个小时，多则几十个小时的时间。如果是完成大型试验，那么至少需要几天甚至几个月的时间。正因为如此，从事科研工作的人大多数都是不喜欢热闹，而且能够埋头做研究的人。遗憾的是，管理者不是科研人才，无法以实验为借口推掉所有的应酬。有的时候，管理者不但要应酬客户，还要为了与下属搞好关系，请下属吃饭、聊天。这样一来，管理者只能想方设法挤出时间，一边应付琐碎的工作，一边腾出大块的时间来反思自己的内心。唯有如此，管理者才能把工作安排得恰到好处。

　　尤其是与知识工作者建立联系时，管理者更需要花费大量的时间。因为知识工作无法用体力的付出来衡量，而且知识工作者的工作也无法用寥寥数语就得以概括和总结。在这种情况下，不管知识工作者与管理者是上下级关系还是平级关系，他们之间的沟通都需要漫长的过程。因而在面对知识工作者时，管理者必须静下心来坐在知识工作者的对面，与他们坦诚相见地谈论工作上的诸多事情。唯有知道什么是该做的，什么是不该做的，为什么要这么做，管理者才能大概了解知识工作者工作的进展和成就。毫无疑问，这是一项非常浪费时间的工作。

　　总而言之，管理者需要面对复杂的工作，这其中的很多工作都要耗费大量的时间。尤其是对于人际关系的协调和融合，对于管理者而言不但难度很大，而且耗时长久。毕竟管理者要通过下属的工作成就来成就自己，因而管理者就要对下属投入更多的时间和心力，才能与下属和谐交流，让一切工作都事半功倍。随着与下属沟通的时间越来越多，管理者用于本职工作的时间便越来越少，这是因为时间的总数是有限的，要想在有限的时间里做更多的事情，只能提高效率，根本无法延长时间。而且，随着组织规模的增大，管理者能够支配的时间也会越来越少。所以管理者要想提高时间的利用率，不但要知道时间都去哪儿了，更要知道如何妥善利用剩余的时间来创造最大的效益。

　　在一家规模很大的私营企业里，曾经有一位老管家。这位老管家已经在私营企业中工作了三十多年，可以说如今五十多岁的他，从二十几岁进入企业开始，就把自己的一生都奉献给了企业。从最初的小作坊开始，这位管家就负责作坊里的各项工作。后来虽然作坊变成了公司，而且规模也越来越大，结构更是几经改组，但是这位老管家的地位却从未有过任何撼动。

　　然而，如今管家已经年近六十，不管是精神还是体力都大不如前了。家族企业的继承人完全有理由辞掉这位老管家，给他一笔钱让他颐养天年，但是又担心老管家会觉得心里过不去。他们也可以为老管家安排低级的工作，但是这又过于亏待老管家了。为了这件事情，家族企业的两位继承人几次三番在工作的闲暇讨论这个问题，最终却毫无结果。有一天，老管家工作上出现失误，明显力不从心，家族企业继承人才意识到对于老管家的安排问题到了必须面对的地步。为此，他们专程抽出半天的时间，关掉手机，拒绝任何会议和会面，专心致志讨论老管家的问题。最终，他们整整用了六个小时，综合考虑了各种情况，最终找出了一种最合适的解决办法。结果就是，他们要给老管家升职，让老管家成为公司的董事，并拿出 3% 的股份赠予老管家。这样，作为公司的股东，老管家显然职位和地位都得到提升，而与此同时，他也不再需要到老公司上班，等到有重大事务的时候才来公司开会，参与决策。对于这样的结果，老管家当然非常满意。在自己犯错误之后，企业继承人却对他有情有义，他因而感到万分感激。

实际上，如果两位家族企业的继承人能够早一些抽出时间来探讨老管家的去留问题，而不是每次都在工作的间隙漫不经心地提起，那么相信老管家的问题早就得以解决了。由此可见，作为管理者，千万不要把所有事情都利用零碎的时间解决，毕竟有些事情只有慎重考虑，而且要专心考虑，才能得以圆满的解决。

毋庸置疑，对于每一位管理者而言，人员的任免都是难题。那么作为管理者，一定要利用好时间，从而在重要的问题上绝不吝惜花费时间。唯有提高自己的情商，进行充分考虑，面面俱到地解决问题，管理者在管理工作上才能事半功倍，也才能卓有成效。

4. 管理者要学会放权与授权

作为管理者，必然比普通员工拥有更大的权利，而在工作的过程中，为了让工作顺利展开，管理者还要学会对下属授权和放权。作为领导团队，在管理之初为了行使权利，必然要进行集权。甚至集权制有的时候对于开展工作是有很大好处的，也能够帮助团队顺利运转。而一旦各个管理阶层各归其位，开始正式运转，管理者就要学会授权。在集权与放权之间，管理者必须适度，才能平衡好微妙的关系。过于集权，导致一言堂，必然无法集思广益，而过于放权，仅凭着下属的主动性，工作质量和速度也无法保证。其实，所谓的放权与授权是相辅相成的。如果在放权的同时，能够针对某些人进行授权，那么就更容易实现集权与放权的平衡。需要明确的是，无论权力以何种方式出现，目的都是为了使团队有效运转，创造利润，达成目标。所以，管理者在决定集权、放权或者授权时，要综合整体情况进行权衡和考虑，从而让权力成为提升工作效率的助推器。

现代职场，为了统一管理，很多公司都采取集权制。毕竟公司里有各个层面的管理层，如果采取多头管理，必然导致任何事情都无法取得一致。这样一来，公司里必然非常混乱，也会导致事情千头万绪。可以说，适当的集权对于管理者实现统一管理是有好处的，也便于管理者统筹全局。然而如果不管什么事情都搞一言堂，又会打击下属的积极性，无法形成集思广益的局面。为了给予团队更大的空间发挥创造力，也促进下属的个人发展，使他们对工作充满积极性，适当的放权和授权也很重要。否则，一味的一言堂，会使下属变得懒散松懈，最终不思进取，也会与团队疏远。综合各个方面来讲，对处于创业阶段的公司，集权是很有必要的，因为在整齐划一之下，优秀的全能型领导人才，将会带领整个团队飞速发展，也尽快创造效益。而对于达到一定规模且处于稳定发展时期的企业管理者而言，最好学会放权和授权，不但能够给予员工更大的发挥空间，也有利于帮助企业注入新鲜的血液。

管理者应该具备高情商，一定要信任下属，更要支持下属。也许在最初给下属放权时，下属会因为出现错误给公司带来损失，但是每个企业注定要为培养自己的人才付出这样的代价。对于下属来说，是执行管理者的命令更充满热情和干劲，还是对实现自己的想法更积极主动呢？所谓放权与授权，就是让下属拥有自主决定的权利，从而把管理者的想法变成下属的想法，让他们更加积极主动实现自己的理想。

当然，做好放权与授权并非简单容易的事情。简而言之，授权就是把自己的权利交给他人承担责任，对他人既是激励，也是压力。那么，要怎样才能做好授权呢？关键在于，要把权利和责任统一起来。作为管理者，向员工放权，也许不止针对一名员工，因而可以说得比较宽泛。而大多数授权都是针对某个员工或者某几个特定员工进行的，在这种情况下，为了避免将来有责任需要承担时出现推诿的现象，管理者必须定义好责任范围，从而让被授权的员工在拥有权利的同时，也意识到自己肩上沉甸甸的责任，这样他们必然更加具有责任感，也觉得自己受到重用。尤其是在向多个人进行授权时，更要明确责任和权利，才能让每个人彼此负责，各自独立，既相互依存，又相互扶持，从而让管理秩序井然，每个人都各司其职。

授权的时候，首先要明确告诉被授权者任务的具体内容和明确目标。也就是作为管理者，必须把任务准确传达给被授权者。其次，除了任务之外，所谓授权，关键就在于把权利交给被授权者。作为员工，当自己有责任去完成一件事情，并且在遇到各种情况时有权利自主处理，他们的感觉会变得截然不同，这也能极大地激发他们的责任心。最后，就是责任。正如股市上所说的，高收益必然伴随着高风险，这里我们也要说，权力越大，责任也就越大。当管理者把更大的权力授权给下属，也就意味着下属要承担相应的责任。实际上，管理者是把自己的权力和责任同时传递给被授权者了。当然，这并不意味着管理者不需要再承担相应的责任，也正是因为管理者与责任无法摆脱干系，才更能表现出管理者给予了被授权的下属很大的信任。

何享健，作为美的公司的掌门人，向来被视为最洒脱的企业家。何享健很长一段时间内都不用手机，他甚至根本没有手机。这到底是为什么呢？难道作为一家知名电器企业的掌门人，何享健不应该是最忙的吗？当然不是。在美的，何享健最大限度地授权给下属，因而很多下属在遇到事情的时候根本无须向他请示。正因为如此，何享健才能每周之中抽出三四天的时间打高尔夫，也能每天一下班就回到家里陪伴家人，完全无须担心会有工作上的事情来烦扰自己。

不得不说，何享健把放权和授权做到了极致。而且，他还可以随时随地实现集权。当然，何享健的集权并非表现在一言堂的形式上，而是他通过严格的业绩考核制度来考核下属的工作。有了这道紧箍咒，何享健就像是观音菩萨一样有了撒手锏，只要一念咒语，再能干的孙猴子也会马上满地打滚告饶。当然，对于那些表现出色的下属，不管他们是中层管理者还是普通的销售员，美的公司完善的激励制度都会让他们得到行业内最为可观的奖金激励。有的时候，特别优秀的员工得到的奖金甚至多得吓人。对于自己潇洒的掌门人角色，何享健说："我不想做，也不想管。我告诉下属们，不要总是想着亲力亲为干好所有的事情，而是要想着如何把事情安排给最合适的人去做，然后就是尽量为做事的人创造好的平台和环境，这就够了。"

不得不说，何享健是一位非常睿智的企业掌门人，也是一位非常老道的管理者。现代职场，很多管理者事无巨细全都不放手，最终不但导致自己累得够呛，而且使下属成为处处依赖、毫无独立能力的棋子。古人云，授人以鱼不如授人以渔，管理就好像学习，一旦掌握了正确的方法，就能起到事半功倍的效果。否则，哪怕一味地用功，如果方法错了，也会毫无成效。

当然，一味地放权与授权也不好。凡事皆有度，过犹不及。当管理者过度授权，就会导致企业的结构变得越来越庞杂，而且出现很多所谓的"指挥家"，导致头目多，真正做实事的人少，自然也会使企业运转艰难，效率低下。所以管理者必须审时度势，适度地集权，也恰到好处地放权与授权，从而让管理工作进展更加顺利，也使企业如愿以偿得到最大限度的发展。明智的团队领导者，总是会掌握好尺度把握权利，从而提升团队的工作效率，也让自己与团队一起得到长足的发展。

5. 当管理者，还是当领导人

在一个团队之中，作为管理者，是扮演好管理者的角色，还是要不断提升自己，成为领导人呢？毋庸置疑，管理者只是一个服务者，向上服务于上级领导，向下服务于下属，为下属排忧解难，为下属营造良好的工作氛围和环境，从而也帮助下属成就自己。然而，如果管理者始终只是管理者，那么他就只能永远当服务者，而无法成为整个团队的核心人物，更无法一呼百应带领整个团队不断奋勇向前。所以作为深谋远虑的管理者，要把目光放得更加长远一些，不要因为眼前的利益就满足。

对于一个团队而言，最佳的领导人不仅在金钱、地位、权势等方面高人一等，而且肩负着重大的责任。从这个角度而言，最优秀的领导者并非是只在职位和权力上有所突出，更重要的是，他们还要有号召力，能够在员工心中树立威信，应有影响力。实际上，如今很多企业中的职业经理人都拥有更高的职位，也拥有更大的权利，而他们只是职业经理人，而并非团队的领导人。那么，管理者与领导人的区别在哪里呢？管理者也许可以做好自己的分内工作，把工作安排得秩序井然，但是他们却无法成就伟大的企业。管理者与领导人的区别，就像是管家与房屋缔造者的区别。当然，这并非意味着管理者与领导人的区别仅仅在于职位和权力，他们的理想和信念也不同。

那么，到底什么样的人才能称得上是领导者呢？如果仅仅从行为上来看，被人追随的人似乎就是领导者。如此说来，管理者也是领导者。的确如此。不过，管理者与领导者还有更加细致入微的区别。即在企业中，所有工作会被分为两类，一类是墨守成规型的，一类是开拓创新型的。从本质上说，开拓创新型的管理者属于领导者，而墨守成规型的管理者则属于管理者，这是由他们的工作内容决定的。

古人云，乱世出英雄。对于一个团队而言，越是面对动荡的环境，越是需要领导者出现，从而带领整个团队乘风破浪，勇往直前。正如在茫茫的大海上，当船只遭遇大风大浪，唯有能够大刀阔斧、当机立断的领袖级人物出现，才能带着船只走出困境。所以对于因循守旧的企业而言，管理者就可以胜任。而对于开拓创新的企业，必须有极具魄力的领导者出现，才能摆脱困境，让一切问题都迎刃而解。

领导者的能力并非与生俱来，也是要经过后天的不断历练，才能渐渐具备的。古今中外，大多数成就伟大事业的领袖，无一不具有领导者的风范及王者风范的，诸如拿破仑大帝。当然，要想成为一个卓有成效的领导者并不容易，如果说管理者只需要管理好分内的工作，那么领导者则除了做好分内之事以外，还要能够为追随者缔造梦想，缔造可能实现的愿景。从这个角度而言，领导者就像是大楼的设计者，当未来变得越来越模糊且遥不可及，领导者的作用就更加凸显出来。也可以说，领导者是造梦者，是图纸的设计者，而管理者则是实现梦想的人，是图纸的具体实施者。

如果管理者也能够不断提升自己，让自己成为造梦者，成为不折不扣的领导者，那么管理的工作必然事半功倍。遗憾的是，现代职场上有很多管理者非但没有提升自我，反而降低自己，事事亲力亲为，最终使得自己成为下属的服务者，也成为下属的保姆，专门为下属收拾各种各样的残局。毋庸置疑，这样的管理者很难成为领导者，甚至还会成为不合格的管理者。其实就像父母养育孩子一样，如果父母对孩子全权包办，代替孩子做一切事情，那么孩子必然什么也不会，更无法获得成长。管理者与下属之间的关系也同样如此，管理者唯有学会对下属放手，才能让下属得到锻炼，也才能让下属不断成长，对工作独立承担。这样一来，管理者自然能够摆脱琐事的束缚，从而腾出更多的时间来从事方向性的工作，运筹帷幄，掌握大局。

对于领导者的工作，美国前总统罗斯福曾经说过："一位优秀的领导者一定知人善任，因而在下属心甘情愿从事自身的职务时，领导者只需要有约束他们的力量，而不要插手或者干涉他们的工作。"同样作为美国前总统，尼克松也曾经说："别人能做的决定，我从来不做。既然当领袖，我就要摆脱琐事，只做领袖该做的重大决定，更不要把自己也变成一个问题。"高明的领导者，总是能够发挥魅力，从而吸引他人对自己忠心耿耿地追随。还有很多管理者，对于下属的工作总是不能放心，因而在下属工作的过程中会忍不住查看。其实，这已经违背了领导者的工作原则。领导者必须谨记一个原则，即绝不故意查看下属的工作，而要等到下属工作结束后进行验收。这才是领导者该做的事情。

总而言之，任何管理者或者领导者，如果只知道一味地冲锋陷阵，凡事亲力亲为，那么他们对于管理和领导工作就是失败的。相反，真正的管理者或者领导者会站在下属的身后，指挥不同的下属为自己做各种必需的工作，这样才能从烦琐的事情中脱身出来，真正做好对团队的管理工作。记住，不要仅仅局限于过程，更要注重目标。不管对于管理者还是领导者而言，都是同样的道理。

此外，对于团队工作，管理者和领导者投入的感情也是不同的。管理者更像是理智的管家，而领导者则是对团队充满热情和期盼的造梦者。简而言之，领导者把工作当成事业去对待，全身心投入，竭尽全力，而管理者则只是把工作当成工作对待，非常理智，绝不感情用事。而且，领导者是引导员工如何积极地想办法解决问题，摆脱困境，迎来光明，而管理者只告诉员工如何去做，并且督促员工按照既定的方案去做。

6. 执行体系完整，工作按部就班

相信很多朋友都去过图书馆，尤其是在那些大的图书馆中，我们往往可以见识到完整而又庞杂的图书体系。实际上，图书馆看似是书的海洋，让人哪怕找一本书也如同大海捞针，但是只要按图索骥，按照索引去有的放矢地寻找，那么就能够快速找到我们想要的书。就像是一个国家，众所周知，国家是庞大的机器，不但有着主体构架，本身内部也有很多零碎的细节，还包括无数的齿轮相互咬合，产生联动反应。同样的道理，建筑高楼大厦，组建战斗力十足的军队，都要经过这样的过程。

古人云，一屋不扫，何以扫天下。这句话告诉我们，一个人即使有远大的理想，也要先做好手里的事情。换言之，治国和治家是同样的道理，只要能够掌握思路和方法，一切就会进展顺利。那么对于企业而言，要想让所有事情都秩序井然地进行下去，首先要制定完整的执行体系。这样一来，等工作中遇到任何问题，都有预案可以遵循，也有先例可以仿照。那么作为管理者，如何才能为团队搭建一个完整的执行体系，从而让工作按部就班进行下去呢？

显而易见，要想让管理工作卓有成效，首先，要构建管理工作的基础，那就是一支团队。提起团队，近来很多从事企业管理的业内人士都会想起《西游记》中的唐僧团队。在这个团队里，唐僧显然是核心人物，孙悟空是能力很强的下属，而猪八戒总是闯祸，沙和尚是团队的中流砥柱，看似沉默寡言，实际上任劳任怨，同样不可或缺。唐僧的团队从最初的一盘散沙，到后来在不断的磨难中团结在一起，形成极强的凝聚力和向心力，绝非朝夕之间的事情。当然，在此过程中，唐僧是不折不扣的领导者，也是理想的化身，起到了至关重要的作用。他虽然能力不是很强，但是精神力量强大，因而当仁不让成为团队的精神领袖。如果没有孙悟空，这个团队的西天取经之行很难实现。然而，孙悟空没有信仰，而且时不时地就想离开团队，回到逍遥自在的花果山，最终是在唐僧强大的精神力量的感召下，他才回到唐僧的身边，继续为团队效力。至于猪八戒和沙和尚，看似无关紧要，实际上也不可或缺。可以说，这个团队里缺一不可。毋庸置疑，一个优秀的管理者，在团队中就要充当唐僧的角色，能够降服每一个徒弟，也能让每一个徒弟变得不可或缺。其次，构建团队执行体系还要培养团队中每一位成员的执行力。一个想法哪怕再好，一个方案哪怕再成熟，如果不能得以执行，就只会变成白日做梦，最终的结局就是落空。保证执行力其实可简化为三个关键核心，即用正确的人做正确的事，而且要正确地做事。这样一来，执行力才能落到实处。再次，构建团队的执行体系，在进行完前面两个重要步骤之后，接下来要记载工作日记，从而才能及时总结和反馈工作情况，也及时反思工作中的进步得失。最后，要对工作中出现的错误进行跟踪，从而才能使错误得到更好的纠正和改善，也才能让团队效率得到提高。

虽然企业的运营看似复杂，但是执行体系一旦得以建立和完善，后续的工作就可以按部就班进行。所以作为企业管理者，在最初构建执行体系的艰难时刻，一定要坚持不懈，建立完整的执行体系。这样等到工作正式运转时，一切就会水到渠成，按部就班。

7. 个人责任与共同责任，要界定明晰

在团队之中，每个人都肩负着自己的责任，同时也面对着共同责任。有些管理者认为，个人责任更加重要，认为正如几十年前农村把土地承包到户一样，工作中唯有把责任落实到个人身上，才能增加员工的积极性和责任感，才能让他们不遗余力地做出成就，也为团队创造更多的成就。尽管个人责任很重要，但是团队责任同样重要。

个人责任与团队的共同责任必须协调统一，因为个人责任虽然是独立的考核个体，而团队成就则是共同的一体，无法分割。正是因为如此，所以每一种制度建立的基础都是共同责任，而发展的关键又在于把责任进行细化，从而才能以个人为切入点，寻找发展的机遇。从本质上而言，一切团队制度最终都要落实到个体身上，唯有对每个个体实现良好的管理和激励，才能让整个团队欣欣向荣。从另一个方面而言，个体的责任又是团队责任的前提条件，唯有每个个体都对自己负责，才有必要谈起共同责任。然而，个体责任与共同责任如此联系紧密，互为促进，最终促成了个体责任与共同责任之间界限模糊。为了便于管理，管理者首先要界定清楚个人责任与共同责任，才能更好地明确个人和团队的责任，也才能让管理水到渠成，事半功倍。

在这家新成立的公司里，一切都乱糟糟的，似乎茫无头绪。虽然公司的老板兼管理者刘强是一个能力很强的人，但是他毕竟不能凡事亲力亲为，又因为缺乏必要的责任界定，导致一项工作出错之后，根本不知道应该找谁负责，也由此形成了各个部门和同事之间相互推脱，延误问题的局面出现。

有一次，刘强安排策划部马上出一个新产品推介的方案。一个星期过去了，方案迟迟没有交上来，刘强忍不住去问。但是，策划部里的人全都大眼瞪小眼，似乎谁也不知道这回事。原来，刘强的公司因为刚刚成立，所以虽然有了策划部，但是却还没有选出负责人。因而刘强当天安排任务，只是在策划部对着员工简单说了一下，而员工们因为没有人牵头，只是一味地等待着安排任务，导致一个星期过去了依然毫无结果。实际上，他完全无须急于发展公司的各项业务，而应该首先选出各个部门的管理者，自己从而也才能成为更好的管理者。

假如在布置工作的时候，刘强指定策划部暂时由谁负责，那么这个人就可以成为临时的管理者，至少能够带领策划部全体员工更好地展开工作。这样一来，刘强在询问工作进展时，就可以直接找负责人。而负责人只对刘强负责，然后再把工作分派下去，具体到每个人做什么业务。如此一来，公司的任务就是策划部的任务，策划部的每个人都要对公司的任务负责，而在经过策划部负责人分派工作之后，每个人又有自己的工作任务，唯有把自己的工作任务完成好，才能完成策划部的整体任务。

一个公司要想进入良性运转，让一切都按部就班，就一定要区分清楚个人责任和共同责任，从而建立完善的奖惩制度。而如果一家公司根本没有奖惩制度，薪酬高低完全凭着领导的高兴，又或者说领导想给多少就给多少，那么必然导致能干的员工觉得愤愤不平，最终失去工作的积极性，不能干的员工也消极怠工，反正薪水的收入并不会因此而减少。这样一来，领导自然无法树立威信，在员工心中，公司也会缺乏说服力。最终，必然导致害群之马横行，整个公司都失去活力，更没有竞争力。

对管理者而言，最糟糕的情况莫过于在团队工作中，遇到的队员都与自己背道而驰。既然如此，就要明确目标，不断帮助队员摆正态度，端正认识，这样才能让队员变得越来越忠诚。其实，要想达到这一点也很简单，就是要培养队员的责任心，让队员对于工作的认识更加深刻，也能够用心完成自己的本职工作。其实，如果一个团队之中每个人都能安心于本职工作，那么整个团队的工作就能够顺利完成。反之，如果一个团队之中每个人都无法把自己的分内之事做好，那么整个团队就会如同一盘散沙，导致团队工作根本无法继续推进下去。作为一个高情商的管理者，在意识到问题的存在之后，因为担心自己无法协调个人利益与团队共同利益的关系，因而不会马上冲动地采取行动。他们必须先在个人责任与共同责任之间找到那个微妙的平衡点，才能既保证下属的个人利益，也保证团队的共同利益，从而两者兼顾，两者平衡。

当然，要使得个人利益与团队利益完美融合在一起，高情商的管理者会兼顾几个方面。首先，对待员工要公平。虽然这个世界上并没有绝对的公平，但是每一个置身于团队之中的成员都会要求公平。所以不管绝对的公平是否存在，高情商的管理者都会首先声明这一点，以使团队成员能够平心静气投入工作之中，而且觉得自己已经得到了公平对待。此外还需要注意的是，对于团队成员而言，程序上的公平比结果上的公平更重要，所以作为管理者第一步就要保证程序上的公平，这也能避免团队成员之间盲目攀比。在 100 米赛跑中，每一位运动员只要求在同一时间起跑，而不要求到达终点也在同一时间。所以作为高情商的管理者，首先要保证程序上的公平，从而才能平息团队成员的情绪，也激励他们的责任感，使得他们为共同的责任努力负责。

其次，要想让个人利益与团队利益相融合，管理者还要建立有效的绩效评估制度。为了保证公平，这一套绩效评估制度必须透明，而且标准要统一。最后，就是管理者面对的最重要问题，即团队内部人际关系的协调。很多管理者都曾抱怨人际关系是最大的难题，尤其是在关系错综复杂、利益纠葛的职场上，人际关系更是非常微妙。而且随着团队人数的增多，关系的复杂程度也成倍数增长。所以管理者必须使团队内部的人际关系简单纯粹，从而避免过于复杂的人际关系牵扯团队成员太多的时间和精力，导致他们根本无法全心全意地投入工作。在这种情况下，现实完全颠覆了"人多力量大"的古训，而会导致人越多力量越小的局面出现。总而言之，高情商的管理者必须把整个团队凝聚成一股合力，才能发挥一加一大于二的精神。与此同时，管理者也必须把责任落实到人，才能激发个体的力量，让他们做出更加辉煌的成就。

仅从表象来看，团队就是一个整体。这是因为团队中每一个成员的付出与收获，往往直接决定了团队的成就。所以作为管理者，要想提升团队的形象，就必须打造优质的团队，增强团队中每一位成员的荣誉感，也让他们充满勇气，能够积极主动地承担责任。当然，打造优质团队绝非那么容易，尤其是团队集体荣誉感的建立，更不是朝夕之间的事情。首先，作为管理者，要在日常工作中以身作则，培养员工的奉献精神，其次，管理者还要身先士卒，在遇到问题的时候，主动承担责任。管理者唯有成为员工的领袖，也成为员工的后盾，才能消除员工工作的后顾之忧，最大限度帮助员工发挥自身实力，实现个人价值，也为团队创造效益。总而言之，高情商的管理者一定会将清员工和团队之间的关系，也会激发出员工的积极性，让员工既成就自己，也以团队利益为重，与团队一荣俱荣，一损俱损。正如成龙在《国家》中所唱的："……家是最小国，国是千万家。在世界的国，在天地的家，有了强的国，才有富的家。国的家住在心里，家的国以和矗立，国是荣誉的毅力，家是幸福的洋溢……"每个中国人都知道国与家的关系，每个职场人士也应该知道个体与团队的关系。

第三章

如何听，员工才会说；
如何说，员工才会听

　　语言是有魔力的，尤其是对于善于运用语言的人而言，他们更能够发挥语言的魔力，通过语言不但向他人传递自己的心意，还能表达自己的情绪情感，更能够通过语言潜移默化地影响听众。那么作为一名高情商的管理者，最大的魅力就在于能把话说到员工的心里去，而且能以语言的魅力让员工心甘情愿接受他的调遣和安排。毋庸置疑，语言的作用绝不仅仅在于传递信息，语言也能够唤醒情绪，从而使人与人之间相互影响，充满默契。

1. 学会倾听，才能打开员工心扉

管理者与员工的关系，也是人际关系的一种，因而也具有普通人际关系的特点和共性。在与人交往的过程中，很多朋友都会陷入一个误区，即觉得一定要滔滔不绝，才能表现出热情，才能得到对方积极的回应。实际上，人都是有表现欲的，这原本无可厚非，天生木讷寡言的人也许不愿意表达自己，大多数人都很愿意表达自己。如果我们口若悬河，说话如同连珠炮一样根本没有停顿的时间，导致他人连话都插不上，还如何赢得他人的好感，让他人愿意与我们交流呢？真正善于沟通的人都知道，良好的沟通不是建立在竹筒倒豆子般的倾诉上，而是要学会倾听，成为一个好的倾听者，才能打开对方的心扉，让他人感受到自己被尊重、被理解、被认可，从而有欲望与我们继续交谈下去，也对我们形成良好的印象。

管理者在职位上比员工高，很多管理者也许因此觉得员工在自己面前只有点头哈腰、连声附和的份儿。其实不然。管理者不是高高在上的发号施令者，尤其是现代职场人际关系复杂，要想做好员工的工作，合格的管理者更知道自己必须走入员工的内心，更多地了解员工，才能真正把员工的工作做通做好，也才能间接提高部门的效益，使自己在工作上有出色的表现。否则，一旦管理者表现得居高临下，对员工表现出轻视和漫不经心的态度，那么员工当然不会对管理者敞开心扉，更不会真诚地与管理者交流。正如苏轼在《水调歌头》中所写："我欲乘风归去，又恐琼楼玉宇，高处不胜寒。"一名优秀的管理者知道水能载舟，亦能覆舟，更知道管理者不能脱离员工，唯有扎根于员工之间，管理工作才能顺利展开，不至于因为脱离群众，渐渐失去鲜活的生命力。

　　学会如何更好地倾听，不但帮助管理者更加了解员工，也能够营造良好的沟通氛围，从而让员工变得更活跃，更愿意向管理者倾诉，使管理者的工作进展更顺利。所以要想成为一名优秀的管理者，就要从认真用心地倾听开始。所谓倾听，绝不仅仅是让员工发出的声音震动管理者的耳膜。客观的倾听对于管理者至关重要，即不带有任何主观色彩去倾听员工的声音，也不要让自己的先入之见扭曲员工最初想要传达的信息。从这个角度而言，管理者必须做到毫无偏见，而且有着博大的胸怀能够包容员工不同的声音，准确接受员工传达的信息。简而言之，倾听就是摘掉耳朵和心灵上的选择器，从而不加选择地全盘接受他人的思想和观点。毫无疑问，人是主观的，总是情不自禁地带有主观的观点和见解。富有智慧的管理者，在倾听员工的诉说时，会假装对于那些与自己的观点和主张不融合的信息毫无知觉，做到全盘接受。实际上，这种状态说起来简单，做起来却很难。管理者唯有保持空杯心态，让自己就像一张白纸，才能真正接纳员工的表达。很多管理者都有以自我为中心的习惯，必须改掉坏习惯，让自己充满勇气去面对"未知"的一切，从而成为最好的倾听者。

　　在倾听的过程中，为了激励员工诉说更多，管理者还可以适当发问。需要注意的是，提问题时要选择恰当的时机，不要不合时宜打断员工倾诉的思路，也不要提出那些带有强烈主观色彩的问题，而要对员工所说的事情本身提问，才能更好地引导员工继续深入倾诉。当管理者全神贯注地倾听时，一定能够从员工口中得到更多有效的信念。此外，在倾听的时候适时给予员工回应，也能够激励员工更愿意诉说。在倾听结束时，如果员工提出了困惑，而管理者也想出了解决的办法，那么要及时给予员工回复。即使管理者一时之间不知道如何作答，也要给予员工回应，然后告诉员工将会何时给出答复。这样才能提高倾听的有效性，也使得员工更愿意倾诉。

　　每一位管理者都应该记住，大多数情况下，倾听胜于说教。对于员工而言，当管理者聚精会神地倾听他们诉说时，他们会感受到被尊重、被重视、被赞赏，也觉得得到了上司的授权，因而会更加勇敢地倾诉。对于每一个人而言，在滔滔不绝的时候，耳朵会自动关闭，所以管理者一定要多听少说，打开自己与员工之间顺畅沟通的通道。

也许有些管理者会说：我每天工作都特别忙，仅仅是工作上的繁杂事务都处理不完，哪里有时间听员工倾诉呢？正所谓磨刀不误砍柴工，很多管理者之所以有处理不完的工作，就是因为员工不给力。如果管理者能够抽出时间把员工的工作做好，做到位，使每个员工都成为得力干将，且对管理者忠心耿耿，那么管理者就会轻松很多。大文豪鲁迅先生告诉我们："时间就像海绵里的水，挤一挤总还是有的。"实际上，如果管理者愿意倾听，还是可以找到很多机会倾听的。诸如每天午休时，哪怕只抽出十分钟时间倾听一位员工，长年累月下来，也会收获满满。再如，每天吃午饭时，如果和一位员工结伴而行，一边用餐一边在轻松愉悦的氛围中交谈，那么相信只要坚持下来，管理者与员工的关系一定会大大改善，员工的工作效率也会因此间接得到提高。所以管理者不要以没有时间为借口脱离员工，而要想方设法更多地与员工交流,倾听员工,才能让管理工作事半功倍。

2．如何下命令，才能被员工当成"圣旨"

作为一名管理者，哪怕已经尽量客观公正地看待问题，然而事实依然只是"我们以为"的事实。而我们以为的事实，从来不是唯一的事实，就像一千个人眼中就有一千个哈姆雷特一样，一千个管理者眼中，也有一千个不同的事实。实际上，我们以为的事实，完全是由我们看待问题和讲述问题的方式决定的，在看待问题和讲述问题的过程中，我们已经从主观的角度出发，对问题进行了一定的加工。所以，管理者要想让自己的命令打动员工的心，也使得员工乐于接受，就要组织好语言，并且从个人主观的限制中跳脱出来，站在员工的角度看待问题。这样一来，管理者的命令自然更容易被员工当成"圣旨"，也使员工更乐于执行。

在对员工下命令的时候，管理者一定要采取宽松的语言，避免带着颐指气使的气息，给员工带来不好的心理感受。在职场上，很多管理者以开门见山为骄傲，甚至觉得自己的语言充满了力量。实际上，使用商业语言看似有强大的气场，而且居高临下的态度也使得管理者更像管理者，但是设身处地想一想，当别人也用这样的语气与我们说话，我们又会如何呢？毫无疑问，我们会发现自己非常排斥和抗拒他人的这种表达方式，甚至会故意忽视他人的语言，以保护自己脆弱的自尊。有些自尊心强的人，还会采取防卫的态度，使得谈话进展没多久，他们就转守为攻。

要想让员工对管理者的命令言听计从，从根本上而言，管理者要掌握沟通的技巧和方法，有效提升与员工沟通的效率。毋庸置疑，任何人都无法表达随便哪个字的所有含义，因为每个字在大脑中都与很多信息之间有着千丝万缕的联系。而且，随着外界因素和内在因素的改变，每个字的含义也在不停地改变。外界因素指的是客观的环境，内在因素指的是人的理想、信念和价值观、人生观等。所以，作为员工不可能百分之百了解管理者所表达的意思，而管理者应该提升沟通的效率。

当管理者开口时，他就在不知不觉中确定了员工的身份。实际上，管理者真正的意图和他的本心远远比他用文字表达出来的更深刻。这是因为文字表达的意思包含表层意思和多个深层意思。所谓表层意思，顾名思义就是文字的粗浅意思，也叫作表层结构。通常，大多数人在沟通过程中对于文字的理解仅仅局限于表层意思。所谓深层意思，指的是从表层意思到达各个表层意思之间的多个层面的意思，最终深化总结得出来的文字，也叫作深层结构。有很多管理者与员工的沟通之所以产生误解，就是因为沟通中作为听者的一方只理解了文字的表层意思，而没有认真研究和分析文字的深层结构，更没有真正理解说话者真正想要表达的意思。

在职场上，管理者虽然从职位上而言比普通员工高一级，但是从人格上来说，管理者和普通员工都是平等的，谁也无须高谁一等或者低谁一等。高情商的管理者会摆正自己的位置，也知道"水能载舟，亦能覆舟"的道理，从而避免与员工之间发生口舌之争。实际上，作为管理者，完全无须过于关注过程，而要关注结果是否有效。如果使用看似严苛的语言只会使员工心生不悦，那么管理者就应该改变思路，避免对员工采取指手画脚的态度，而应该使用宽松的语言，对员工摆出邀请的姿态，也许反而能够事半功倍。要知道，管理者的指挥并不表现在高高在上的姿态上，宽容的语言也并不意味着管理者就是软弱可欺的。

常言道，强按牛头不喝水，在职场上，这个道理也同样适用。管理者如果一味地以权势逼迫员工，那么员工只会产生逆反心理。相反，唯有以宽松的语言引导员工积极思考，因而发自内心地想要赢得进步，才能推动员工做出更好的业绩。与此同时，在以宽松的语言向员工传达管理者的意思时，高情商的管理者还会注意倾听员工的所思所想。那么，何为宽松的语言呢？并非是剔除了命令式的语气，就是宽松的语言。通常情况下，宽松的语言给人更多的可能性，也给人更多的选择机会。例如高情商的管理者会征询员工的意见，"你觉得我们如果……那么会……""你认为我们应该如何选择""你认为一旦改变……未来又会怎样呢"。这些表达方式听起来不会咄咄逼人，也不会给员工造成巨大的压力和紧迫感，会给员工营造轻松的心理氛围，也因为邀请员工参与决策，因而调动起员工的积极性，让员工更加具有主人翁意识。

此外，管理者在与员工沟通的时候，更要设身处地为员工着想。总是以自我为中心，从自我的角度出发考虑诸多问题，这是人人都会出现的问题。这是因为人是主观的，考虑任何问题的时候都难免要从主观出发，尤其是作为管理者，因为从职位上来讲比员工更高，而且也有更大的权力，因而难免更加主观武断。高情商的管理者会有意识地戒除主观武断的错误，换位思考，更多地站在员工的角度考虑问题。这样一来，管理者更能够体谅员工的立场和观点，也提高了解决方案的准确有效性。

除了以上两点之外，管理者要想让员工对自己的话言听计从，还要保证自己提出的建议是合理有效的。否则管理者哪怕态度再好，员工也未必愿意听从错误的建议。这就要求管理者必须深入分析问题，努力找出解决问题的好办法，从而成功征服员工的心。

作为一名销售主管，林倩带出来的团队向来都是优质团队，最重要的是团队成员们对于林倩总是言听计从。对此，大家都觉得很纳闷，因为不知道林倩年纪轻轻，到底有何魅力和独特的能力。

林倩手下有一名新入职的推销员在工作中遇到了难题，这位推销员名叫思雨，虽然入职已经两个多月了，却至今没有任何成绩。眼看着三个月试用期就要结束了，思雨心急如焚，现在找工作很困难，她可不想错过这次工作的机会啊。看到自己的人马上要被淘汰，林倩也着急起来。她放下手头一切重要的工作，给思雨制定工作量化表。看着每天繁重的工作，思雨不由得有些为难。她问林倩："师傅，我这样真的能行吗？我都怀疑不是销售的材料呢！"林倩信心满满地当着所有员工对思雨说："相信你师傅，你一定能行。你再给自己一个月的时间，如果试用期过后一个月你还没有开单，我给你发工资。但是，前提条件是你从这一刻开始就要严格按照我的量化表工作，绝不可投机取巧。"虽然量化表上工作很多，但是思雨知道，只要自己努力，每天还是可以完成这些工作的。为此，思雨开始严格按照量化表开展自己的工作。果然，才过去二十几天，思雨就成功签约人生中的第一单。当拿到提成的时候，思雨什么事情都没有做，而是专门给林倩买了礼物，还请林倩大吃了一顿！

可想而知，未来的日子里，思雨必然对林倩说的每句话都奉若圣旨。这是因为林倩给出的方案，成功让思雨签约了人生中的第一单，在思雨心中，林倩的信服力自然大大增强。作为管理者，尤其是销售行业的管理者，要想得到员工的忠心拥护，让自己说出的每句话都得到员工不打折扣地执行，就必须以实力为自己代言。

每个人在工作过程中都会遇到各种各样的困难，作为管理者，尤其是高情商的管理者，要想让员工对自己非常信服，甚至言听计从，就要在员工工作上遇到障碍或者瓶颈的时候，给予员工合理且有效的解决方案。没有人生而就是权威者，管理者的权威就是这样一步一步树立起来的。

3. 讲道理，不如以身作则

现代职场上，虽然人人都喊着与时俱进，但是实际上很多管理者在处理管理工作时，依然习惯于从问题入手，以问题为切入点，从而头疼医头，脚疼医脚。

实际上，管理从来不是诸多零碎的工作，而是一个统一的整体。作为真正优秀的管理者，不但能够被动地处理那些随时可能出现的问题，也能够未雨绸缪，防患于未然。传统的管理方法处理问题遵循追根溯源的原则，这对于处理简单的技术性问题当然可以应对。这就像我们去医院里看医生，医生会先化验血，找到问题的根源，然后再对我们进行有的放矢的治疗。然而，现代职场上各种关系层出不穷，最困扰管理者的已经不再是技术问题，而是每时每刻都存在的人际关系问题。在这种情况下，如果再用追根溯源的方法，也许就不能起到很好的效果了。

那么，如何才能未雨绸缪，防患于未然呢？一味地说教，提醒员工们一定要少犯甚至是不犯错误，显然是行不通的。众所周知，人并非特别积极主动，而且自我约束力也很薄弱。这种情况下，管理者当然也不可能亦步亦趋地提醒员工认真完成工作，这样不仅自己会口干舌燥，而且会导致员工很厌烦，也使得管理工作毫无成效。高情商的管理者知道，唯有以身作则，身先示范，才能对员工起到更好的榜样作用和管理效果。

实际上，管理的本质就是解决问题。在职场上，大多数管理者遇到的问题都大同小异，但是不同的管理者之所以管理效果不同，是因为他们在解决问题时的思路和方法完全不同。一个人如何看待问题，很大程度上决定了他将会采取哪种方式解决问题。而一个人如何看待问题，既取决于这个人本身的思路和方法，也取决于他的眼界是否开阔，思维是否发散，是否能够推陈出新。不得不说，管理者与其啰哩啰唆说那么多无用的话，不如以身作则，成为员工的榜样和行为的表率。

很多管理者也许因为想得太多，因而把管理工作弄得非常复杂。实际上，简单的才是最有效的，唯有消除那些毫无意义的复杂性，才能让管理简单有效。

以身作则，就是管理者管理的捷径，试想如果员工们看到管理者都非常努力，认真工作，还有谁敢坐在工位上偷懒呢！当然，以身作则不仅仅局限于对于工作的努力上，也表现在对规章制度的遵守上。正所谓没有规矩，不成方圆，唯有树立规矩，管理工作才能水到渠成。

　　常言道，新官上任三把火。这不，张明才上任三天，就已经把火烧得轰轰烈烈了。原来，张明是空降兵，通过竞聘来到这家公司担任部门经理。然而，部门里都是老人，工作作风自由散漫，从本公司提升的管理者已经无法震慑他们了，所以只能外聘，从而整顿部门的歪风邪气。

　　上任前两天，张明先按兵不动，观察了一下部门里的工作习惯，把部门的底摸了摸。在第二天下班之前，正当大家都觉得空降的这个领导也不过尔尔时，张明召开了临时会议。在会议上，张明长话短说，先进行了自我介绍，然后让部门里的每一位同事都介绍自己，最后，他言简意赅地告诉大家："既然我是新官上任，那么部门里的第一把火就从迟到早退开始。从明天起，迟到者罚款二百，早退者罚款二百，罚款的钱作为部门的流动资金，可以当作部门的公费，出去聚餐的时候也可以用。"规定颁布完，刚刚散会，距离下班还有十分钟呢，就有人迫不及待地走了。次日晨会，加上迟到的几个人，张明毫不犹豫罚款了每个人二百块。这可是现点的钞票，每个人都觉得心肝在疼，但是碍于张明的面子，都不敢说什么。私底下，大家都说张明是个"贪官"，以后不知道要怎么克扣人呢！没过几天，张明在开车来公司的路上遇到剐蹭，为了以身作则，他按照旷工半天，上交了五百罚款。而且，他还指定了一名员工兼职保管这些罚款。就这样，员工私底下的议论全都烟消云散了。等到张明在部门里烧起第二把火的时候，每位员工都知道张明是来真的，因而全都慎重对待，丝毫不敢马虎。

　　张明无疑是情商很高的管理者，就像商鞅当年推行商鞅变法，也先立木取信一样，张明的第一把火没有从最重要的工作开始烧起，而是从大多数员工都不重视也不遵守的到岗和离岗时间着手。最终，张明成功树立了自己的威信，尤其是以身作则，让所有员工都对他有所忌惮，更不敢轻而易举再违反他所制定的规矩。如此一来，可想而知张明接下来的规章制度必然能够顺利推行。

　　作为高情商的管理者，如果能够身先示范，给员工带来的震撼和感受自然不可与简单的说教同日而语。所以管理者们，不管在工作中遇到怎样的问题，如果想让员工成为什么样的人，那么自己首先就要成为什么样的人，这样对员工才有说服力，也才能够让一切管理工作都进展得顺利。

4. 把话说到员工心里去

　　作为管理者，为了提升与员工沟通的效果，在语言沟通的过程中，要有意识地引导交谈向着三个方面发展。

　　第一个方面，管理者要成为好的倾听者，从而确定员工想要表达什么，并且找到员工表达的重点所在，而将这个重点里的焦点放大，这种方法叫作"下切"，就像用镊子从很多东西里挑拣出重要的东西一样。

　　第二个方面，为了让沟通的氛围和谐融洽，管理者可以用含义深刻的文字达到覆盖面广的表达效果，从而与员工形成共鸣，达成某些方面的一致。通常情况下，"意义"存在于人们的潜意识中，无法明确表达出来，因而管理者要在语言的层次上给予员工一定的引导，从而帮助员工形成特定的思路，这就是"上堆"。

第三个方面，作为员工，也要深入了解管理者表达的深层次含义，因此才能发现不同可能也许具有相同的意义。在相同的意义层次上，员工再找出其他的选择，丰富思想和生活，从而取得"平行"。

这三个方面的语言技巧，就叫作"上堆下切"。这套技巧从上、下、平行三个方面一起推进，从而让交谈覆盖的面变得更广，也丰富和充实了交谈的内容，让交谈事半功倍。从理解层次进行分析，"上堆"是形而上的，涉及人们的精神意志、信念和自我价值；"下切"是形而下的，涉及外界和内在的环境，以及人们具体表现出来的行为；"平行"则意味着人的能力处于不同的层次水平。这完全符合管理者对于员工开展工作的逻辑，掌握这个沟通技巧对于管理者做好员工的工作有很大的好处。

同样一句话，换个说法，也许给予他人的感受就是截然不同的。要想成为高情商的管理者，让管理工作事半功倍，首先要努力把话说到员工的心里去，这样才能与员工顺畅沟通，也才能从侧面了解员工的很多心理动态，从而把管理工作做得更加到位。

毋庸置疑，在团队内部，无论何时，顺畅的沟通都是最重要的。众所周知，语言是人与人之间交流的媒介和桥梁，这就像是人体内部四通八达的血管组织一样，唯有保持畅通，才能让血液把养分和氧气运送到身体的各个部位。否则血管堵塞，轻则导致某个部位坏死，重则危及生命。而在团队内部，如果沟通不畅，导致上下级之间沟通不到位，产生误解，同样会使人与人之间失去信任，更会使团队成员在工作上无法密切配合。作为管理者，就是要协调这种情况，而且还要协调好自己与员工之间的关系。

在很多团队里，哪怕是再忠心耿耿的员工，也不会完全与管理者真诚交流。这就像是夫妻之间一样，很多夫妻都有自己的隐私，那是只能自己知道或者是不能被对方知道的信息。员工对于管理者也同样如此，他们尽管信任管理者，却总会对管理者隐瞒一些非常重要的信息或者内容。高情商的管理者会知道，唯有疏通这些堵塞的血管，才能让整个团队都得到充分的营养，也具有十足的活力。

在封建社会，君主高高在上，却也知道"水能载舟、亦能覆舟"的道理。作为管理者，也要避免曲高和寡、高处不胜寒。否则，如果长期被员工隔离于看似无形的玻璃幕墙之外，那么管理者就会变得闭目塞听，别说把话说到员工心里去了，就算是了解员工也成为不可能。日久天长，管理者虽然身居要职，却成为聋子和瞎子，根本不了解员工，更不可能把话说到员工心里去。很多管理者高高在上，总觉得自己职位比员工高，所以就对员工颐指气使，认定员工必须听从他们的命令。实际上，管理者要想真正做到一呼百应，得到员工的真心拥护，就必须与员工保持恰到好处的距离，既不要对员工过于严厉和苛责，也不要对员工过于亲近。所谓恩威并施，其实是管理者应该把握好的度。对员工有威严，才能让员工有所忌惮，不至于不把管理者放在眼里。对员工有恩慈，才能得到员工的倾心相待，也收获员工的真心。介于这两者之间取得平衡，管理者就能如愿以偿把管理工作做好，做到极致。

那么，管理者到底要怎么说，才能把话说到员工心里去呢？既然管理者交流的目的是直抵员工的内心深处，那么管理者就要了解员工的内心。多多倾听，多借助于吃午饭等机会与员工闲谈几句，可以帮助管理者了解员工的工作状态，甚至是私人生活。在员工遇到困难的时候，能够主动向员工伸出援手，雪中送炭，这比员工锦上添花好得多。如今，很多公司开展人性化管理，在员工入职调查之初填写资料表，就涉及家里有什么人、出生日期等等个人资料。每当到了员工生日时，管理者还可以给员工送一个生日蛋糕，让办公室里的全体同事都给寿星送上祝福，这当然是非常温馨的，也是能够打动员工内心的。当员工的心与管理者越来越靠近，那么管理者接下来只需要设身处地为员工着想，站在员工的角度思考问题，就能够顺利把话说到员工心里去。

　　作为一家私立学校的教导主任，刘主任除了要做好学校的管理工作之外，还要照顾学校里那些教龄并不长的老师。这些老师大多数都刚刚大学毕业，而且在本地也没有家人和亲戚朋友。他们一边照顾学生，一边自己也内心脆弱，需要他人的照顾。为此，刘主任决定开展一项神秘的活动。

　　趁着一位老师的生日，刘主任买了一个很大的蛋糕，为几个生日相近的老师开办了生日聚会。在聚会上发言时，刘主任说："孩子们，我知道你们也还是孩子，虽然你们已经能够很好地照顾学生了。离家千里，无法在父母面前撒娇，今晚你们可以在我面前撒娇。尽管我平日里是严厉的主任，对你们要求严格，但是今晚我却是叔叔，是你们的长辈，或者是你们的兄弟。总而言之，你们觉得我是谁最让你们感到亲切和放松，那么我就是谁。当然，如果你们觉得我这个老家伙在这里碍眼，我也可以吃一块蛋糕就离开。"刘主任的话使得几位寿星眼里含着泪水，情不自禁地又笑起来。

　　毫无疑问，通过这样的一场生日会，刘主任作为学校的管理者，显然把话说到了生日之际不在父母身边的这帮大孩子心里。也因为这突如其来的温暖，使他们对于学校，对于刘主任，都变得更加亲近。人人都有家，然而如果工作的地方也能给员工以家中的温暖，管理者也能给员工以亲人般的呵护，那么自然又会是不同的体验。

　　管理工作无疑是这个世界上难度最大的工作之一。毕竟人原本就是复杂的动物，而人与人聚集的地方更是高深莫测的江湖。职位决定了管理者必须在这江湖中走一走，引导每个员工整理好思绪，也竭尽所能把话说到每个员工的心里去，从而让管理工作事半功倍，同时也能提高员工的工作效率。

5.激励员工多问自己"怎么办"

现代职场上，很多员工过于依赖管理者，导致不能主动解决问题，而一味被动地等待管理者想办法。其实这很像宠爱孩子的父母和孩子之间的关系，即在父母的全权包办下，孩子越来越怯懦，也不敢做任何事情，只能等着父母来为自己处理一切问题。然而，员工毕竟不是孩子，每位员工从走入职场开始，就成为独立的人，更是无可依靠的。也许管理者在员工的成长过程中会扮演导师的角色，但是管理者却不要事必躬亲，最终剥夺了员工不断成长的机会。

很多溺爱孩子的父母，一旦看到孩子摔倒了正在哭泣，马上就会把孩子扶起来，甚至还会给孩子一块糖果吃，哄得孩子破涕为笑。然而，真正明智的父母会让孩子自己爬起来，因为他们知道自己不可能包办孩子一辈子。真正明智的管理者，也有着高情商，他们把管人变成带人，因而很少问员工为什么，因为问题既然已经发生，就成为无法改变的事实，只能做得更多更好，才能尽量弥补。所以他们竭尽所能引导员工向前看，而且还会对员工进行启发式提问"怎么办"。的确，在问题发生之后，最重要的是解决问题，而不是回避问题，更不是寻根究底逃避责任。唯有勇敢地承担起事情的后果，勇于负责，才能尽快找到解决问题的方法毕竟一个人只有向前看，才能看到更多的希望，也才能根据事情的发展情况，最大限度圆满地解决问题。

当然，这并不是说我们要完全摒弃过去的一切。毕竟，如今我们面对的一些问题都是有原因的，所以说过去发生的相关事情是此刻我们面对问题的背景。唯有深入挖掘问题产生的根源，我们才能有的放矢解决问题。当然，这么做的原因不是我们要逃避现在，而是为了更好地解决此刻遇到的问题。所以高情商的管理者在员工犯错之后，不会苛责员工，也不会逃避责任，而是会理智反思过去，勇敢面对未来，从而以一颗充满探索欲的心，最终圆满处理好问题。

那么，在引导员工向前看的同时，管理者应该提出一些更能帮助员工的具有前瞻性的问题。这样一来，也许能够启发员工的思路，也许能够帮助员工建立信心，也许能够让员工更加充满力量，精神抖擞地走好人生之路。记住，再优秀的管理者也不能一直跟着员工，给员工收拾残局，唯有学会放手，引导员工勇敢地独立解决问题，面对未来，员工才会有好的发展，管理者也才能真正把人带出来。

老张虽然作为公司的部门经理，但是大家都知道，他是个好好先生，每当员工有了问题，老张总是第一个跳出来为员工承担责任，也帮助员工收拾残局。为此，公司里很多熟悉老张的人都说老张护犊子。为此，员工们也对老张忠心耿耿，都不愿意离开老张的部门。

然而，日久天长，老张越来越累。员工们不管有什么问题都找他，使得他渐渐精力不济，心力憔悴。每天看到老张疲惫不堪的样子，而且还那么晚回家，妻子总是埋怨老张："你呀你呀，根本不适合当官。看看你现在，根本不如以前不当官的时候那么潇洒惬意，只要把自己的工作做好就行了呀，哪里要操心这么多。"老张很无奈，说："部门里每天都有事情需要处理，有的时候都快下班了，那些家伙还给我捅娄子。"妻子不理解老张，当即反驳："老王是你的同事吧，人家的官比你大吧。人家怎么能每天按时回家呢，你可别告诉我人家是闲差。你就是太老好人了，你以为你这样是帮助员工，实际上是害了他们呢！你以为你有求必应，员工就会一直忠心耿耿地追随你吗？实际上，你最终会害得他们毫无进步，一事无成。"妻子的这句话使老张陷入深思，的确，他此刻的职位更像是整个部门的保姆，而不是所谓的管理者。

痛定思痛，老张决定改变自己。次日召开晨会，老张郑重宣布："以后，大家再有问题不要来找我，只要不是原则性问题，你们必须自己解决。你们要多问问自己'怎么办'，而不要把所有问题都推给我。也许你们现在觉得我把事情推得干干净净是为了自己轻松，以后你们就会知道，你们从亲力亲为、独自承担中学到了什么、得到了什么。"果然，会议之后，老张安排好工作，就再也不为员工工作中的问题而烦忧。他只要结果，也只看结果，而工作过程中的问题完全由员工自己去解决。

高情商的管理者知道自己不可能为员工包办一辈子，因而他们不管什么时候，都不会为员工代劳。否则，员工只能永远从事最简单、基础的工作，而没有任何提升。而高情商的管理者更知道，如果一个管理者只是一味地管人，而不知道如何带人，不能把人带出来，那么他充其量也就是一个管理者而已，很难再有大的晋升。实际上，真正优秀的管理者不但从事管理工作，协调各方面关系，更懂得培养人才。当手底下的老人越来越多，管理者的工作也就会变得更加轻松，水到渠成。

作为父母，在孩子遇到不会的题目时，你是选择直接告诉孩子答案，还是选择给孩子一点提示，或者索性让孩子自己去思考呢？明智的父母当然选择后者。对待员工，管理者同样不能心软，更不能因为员工做不好某项工作就全权代劳。不管是父母，还是管理者，都要对蹒跚学步的孩子放手，才能给予孩子最好的爱，才能让孩子在跟跟跄跄中不断成长。

6. 管理者要扮演好三重角色

对于每一位管理者而言，都面临着世界上最难的工作，即与人打交道。每一位管理者在管理过程中，工作的对象都是截然不同的，这是因为每个人都是这个世界上独一无二的存在，每个人都有自己的个性和特点。尤其是那些刚刚走出校园、初入职场的新人，更像是未经河水冲刷的石头，浑身都长满了看得到的和看不到的棱角，经常给管理者出难题。难道在职场上游走多年，已经如同鹅卵石般圆滑的员工，就更好管理吗？当然不是。这就像不同年龄阶段的孩子，三岁敏感期，十二岁进入青春期，各个时期的孩子都有自身的特点，也会给父母带来不同的烦恼。哪怕到了二十二岁大学毕业，孩子们已经完全可以自立，父母也对孩子有操不完的心。某种意义上而言，管理者对待员工也像父母对待孩子一样，既要成为员工的引领者，也要成为员工的坚强后盾，而且在特殊情况下还得像保姆一样为员工收拾烂摊子，承担责任。总而言之，管理者绝不像大多数人所想的那样，只需要坐在办公室里发号施令，就能振臂一呼，应者云集。与人有关的工作，是最复杂微妙的工作，必须用心去做，才能有所收获。

作为管理者，必须对于自己的角色有准确的定位，才能在工作中始终保持重心，也不至于偏离初衷。有的管理者误以为自己只需要负责下达命令，除此之外就当甩手掌柜的，这与农民把庄稼种到地里之后就不管不顾有何区别呢？可想而知，这样的管理者一定没有好收成。有的管理者与此恰恰相反，他们事必躬亲，任何事情都要亲自过问，这种情况下如果部门里的人少还好，如果人多，哪怕忙得他人仰马翻，脚不沾地，也分身乏术，无法面面俱到。毫无疑问，后者也不能算是一名合格的管理者，而是把自己完全当成了保姆。那么，究竟怎样才是一名合格的管理者呢？

　　实际上，一名真正合格且优秀的管理者，会准确给自己定位，也扮演好自己的角色。当然，人的社会性决定了人在生活中有多重角色，职场上人际关系的复杂，管理工作的任务艰巨，使管理者在工作中也必须身兼数职。通常情况下，每位管理者对于自己的职位都有个性化的理解，那么概括来说，大多数管理者都要扮演好三重角色，即老师、兄长和朋友。早在初中时期通过学习语文，我们就知道"授人以鱼，不如授人以渔"的道理。其实，当老师和当管理者有很大的共通之处。管理者首先要充当循循善诱的老师，不要急于为员工回答和解决问题，而要引导员工自主地进行思考，从而让员工掌握解决问题的方法。下次再遇到相同或者相似的问题时，员工才有解决之道。举例而言，如果员工问管理者时间，那么管理者最好的方式不是直接告诉员工时间，否则员工以后会更加频繁地询问时间，而要提醒员工"你为何不戴一块手表呢"，这样一来，员工有了自己的手表，就不会总是以这样微不足道的问题烦扰管理者。聪明的管理者如同传道授业解惑的老师，在花费一段时间之后，能够提高员工独立解决问题和工作的能力，从而使整个团队的水平上升一大截。他们不会做溺爱孩子的家长，最终把孩子惯得什么都不会做，只会吃现成的。要知道，现代社会竞争激烈，职场上工作的节奏越来越快，唯有精明强干的员工才能适应职场生活，也能得到更好的发展。

　　除了老师之外，管理者还要如同兄长一样，关心员工的生活，更成为员工在工作上的引领者。很多管理者都比员工的年纪大，当然，职场上不以年纪论高低，哪怕年纪比员工小的管理者，也比员工拥有更加丰富的工作经验和职场资历。在这种情况下，管理者要主动和员工分享经验，也要引导员工主动思考，寻找最佳的工作方法，提升工作效率，让工作事半功倍。很多管理者都会抱怨自己"遇人不淑"，即遇到的每个员工都是资质平庸的。实际上，如果作为管理者，遇到的每个员工都朽木不可雕，那么问题不一定出在员工身上，也许只是管理者还不懂得如何把普通的员工调教得更加优秀。人是互相成全的，有些运气好的管理者遇到优秀的员工，能够在员工的推动下获得发展，但是有的管理者的确没有好运气，只有普通的员工，那么就要学会提升员工各方面的能力和素质，使他们在工作上表现越来越好，最终成为能够独当一面的可造之材。

最后，管理者还要成为员工的朋友。尽管人们常说要公私分明，实际上公私永远也分不开。生活和工作，恰恰是一个人生命的重要组成部分，如果员工在私人生活上出现问题，那么很容易导致他们无法专心致志地工作。作为管理者，还要关心员工的生活，从而解除员工的后顾之忧，让他们能够心无旁骛地投入工作。除此之外，在工作上，领导者也应该和员工如同朋友一般相处。如果管理者总是高高在上，给员工留下高不可攀的印象，员工根本不会敞开心扉和管理者诉说工作上的困惑，这样一来管理者也就无法深入了解员工的工作，更不可能及时为员工提出可供借鉴的参考意见。很多管理者在朋友的身份上都存在误区，他们总觉得一旦和员工走得太近，就会导致员工拿自己不当回事，也对自己毫无忌惮。其实，这完全多虑了。员工是成人，对于一切事物都有自己的理解和看法，要想在员工心目中树立威信，管理者不是靠疏远，而是要用心经营与员工之间的关系，也靠着自己的实力和能力，这样才能让员工心服口服。当然，凡事过犹不及，管理者要与员工当朋友，也要保持适度的距离，不要过分亲密，更不要混淆公私。

作为管理者，唯有准确定位自己，扮演好在员工面前的三重角色，才能既得到员工的敬重和爱戴，也能得到员工的理解和信任，最终使得上下级关系和谐融洽。当然，每个人对于自己的管理者职位都有不同的理解，也因为所面对的员工脾气性格迥异、工作水平更是悬殊，所以管理者要根据现实的情况进行及时调整，才能把工作做得更到位，最终事半功倍，自身也会有更光明的前景。

7. 了解员工，才能更好地激励员工

作为一名高情商的管理者，当然要做到知人善用。然而，知人说起来容易，真正做到却很难。首先，管理者与员工之间最初是陌生的关系，哪怕在工作中相互了解，也需要漫长的过程。所谓"路遥知马力，日久见人心"，在凡事都讲究效率的今天，如果管理者花费长久的时间了解员工，那么必然导致工作效率低下，也无法做到善用人才。在这种情况下，高情商的员工会首先选择了解员工的性格和脾气。众所周知，江山易改，禀性难移，而一个人要想顶天立地于人世间，就必须有坚强的脊梁作为支撑。所以高情商的领导者了解员工的性格之后，才能根据员工的特点为他们安排更合适的工作。

此外，高情商管理者，还要了解关于员工的方方面面情况。诸如有的员工很缺钱，家庭生活困难，可以以金钱的方式激励他们；有的员工家庭经济情况良好，喜欢得到晋升，拥有更大的平台，那么就给他们晋升的机会；有的员工既不喜欢钱，也不喜欢晋升，而是想要实现自身的价值，那么就给他们更重要的工作……总而言之，每一位员工都有自身的特点，管理者唯有深入了解各个员工的追求，才能更好地激励他们。

有的时候与员工交流，并不能得到完全的真实信息，这种情况下又要如何了解员工呢？有人说看一个人的家能够看出这个人的品位，实际上看一个人的办公桌，也同样能够看出这个人的很多性格和心理特点。所以说，观察员工的办公室，也是管理者了解员工的重要途径之一。举例而言，有的员工的办公桌上非常凌乱，任何东西的摆放都毫无秩序可言。这种员工往往不拘小节，甚至是个糊涂蛋，无法进行有效的自我管理，需要更多外部的力量督促他们进步。

再如，有的员工不管工作多么忙，办公桌上的各种文件都秩序井然，没有丝毫杂物，而且连东西摆放的顺序都是固定的。这种员工可以认真地、一丝不苟地完成管理者交代的工作，但是他们缺乏开拓创新的精神，喜欢墨守成规。管理者完全可以把重要的工作交给他们做，也无须担心他们无法保质保量，但是不要奢望他们会给你惊喜哦！有的员工虽然桌子上非常整齐，但是抽屉里却乱糟糟的，这种员工只顾着面子工程，说话做事都比较花哨，所以管理者一定要仔细斟酌，再决定是否把重要的工作交给他们做。有的员工办公桌看起来很有情调，而且还有一些先进的小摆设，这样的员工往往比较有创意。最糟糕的就是最后一种员工，他们的办工桌上看起来就像是凌乱的垃圾场，各种东西堆得乱七八糟，而且茫无头绪。哪怕他们自己想从办公桌上找到些什么，也根本找不到。不得不说，这种人根本不符合在办公室工作的要求，或者辞退，或者降低到最低职位，让他们先找到秩序性再说。

经过观察员工的办公桌，细心用心的管理者一定会有惊喜的发现。而且，帮助每一位个性不同的员工找到合适的职位，也有助于员工更好地发挥自己的特长，人尽其才。

正值大学毕业季，公司招聘了十名大学生当实习生。毫无疑问，这些实习生都是想在公司里站住脚，留下来继续工作的。然而，公司并没有那么多空缺的职位，经过一番考量，马副总决定只留下四名大学生正式签约，至于其他大学生，只能在实习结束后另谋生路了。得知这个消息，每个实习生都惶惶不安。毕竟这家公司是行业内的龙头老大，能够留下来是每个人的梦想。眼看着为期三个月的实习已经过去一个多月了，剩下的时间里，每个实习生更像是上紧了发条的闹钟，恨不得每天二十四小时都扑在工作上。

经过一个月的考察，马副总大概锁定了五名实习生。在能力上，前三名实习生不相上下，都非常优秀。而唯独第四名和第五名实习生，看起来能力相差无几，而且是同一个学校毕业的，学历也都一样。马副总觉得很为难，因为他不知道应该如何选择，毕竟公司招聘来一个新人也很难，他就想留下最合适的实习生在公司继续工作。一个周末，马副总来到公司加班，在空无一人的办公室里，他突然觉得眼前一亮。原来，有一张桌子上摆放着的绿植开花了，给办公室无形中增加了很多的生机。马副总认真观察，发现摆着绿植的办公桌收拾得秩序井然，而且颇有情调。最重要的是，虽然办公桌的空间很小，但是马副总还发现了一些新鲜好用的小玩意，都是有趣的办公用品。最后，马副总拿起桌上的笔记本，发现上面赫然写着排名第五的那个实习生的名字。他心中一动，又去看了排名第四的实习生的办公桌，发现桌子上虽然看起来还算整齐，但是抽屉里却凌乱不堪，甚至完全没有利用抽屉。马副总笑了，因为他已经找到了困扰他很长时间的问题的答案。毫无疑问，第五名员工被马副总留下来，而且被安排去了非常重要的企划部。

虽然实习生只在公司待三个月，但是一个真正热爱工作且一丝不苟的人，不会把办公桌弄得乱七八糟的。同样的道理，一个热爱创新、想要改变现状的人，也总是会在办公室里留下些许的痕迹。毫无疑问，马副总通过观察办公桌，发现了第五名实习生内心充满了热情，对生活也充满了渴望，所以他才会被感动。相反，一个人如果在哪个地方都把自己当成过客，根本不愿意为自己周围的环境付出小小的努力，那么可以预见他们在生活和工作上都不思进取，都无法取得好的成就。

高情商的管理者，要想了解员工，做到知人善用，其实有很多方式。交流、观察办公桌，都是很好的方法，除此之外还可以观察员工的待人处事，从而有的放矢为员工安排工作。诸如思维严谨的人可以去财务部工作，有创新力的人可以去企划部工作，有毅力的人可以加入销售部门。总而言之，这个世界上绝没有两片完全相同的树叶，也不会有两个完全相同的人。每个人最大的成功，就是成就自己，而作为管理者，在成就自己的同时，也要激励员工，成就员工，这样才能成就整个团队。

8. 让员工参与到决策工作中

一位高情商的管理者，首先一定是善于与员工进行沟通的。唯有满怀真诚与热情地走进员工的生活，了解员工的脾气秉性，认识员工的优点和缺点，甚至还要知道员工的家庭情况，这样才能在与员工的相处过程中有的放矢，最大限度调动员工的积极性。现代职场，很多管理者因为员工在工作过程中斗志全无、得过且过感到非常苦恼。实际上，要想调动员工的积极性很简单。举例而言，在一个没有自己发言机会的地方，员工也许会认真倾听，也许会消极怠工，完全关闭自己的耳朵。如果管理者让员工参与决策工作，而且重视员工提出的宝贵建议，那么管理者的命令就变成了员工绞尽脑汁得出的想法，员工自然会非常激动，也会更心甘情愿地开展工作。归根结底，一个人也许会反对他人，对他人的决定不满意，却很少反对自己，更不会自己打自己的嘴巴，否定自己。这就是说服他人最高明的技巧，即把说服者的观点转化为被说服者的，这样也就间接解决了执行的问题。

很多员工之所以不能自主决策，并非是外界的原因，而是他们的障碍性信念。所谓障碍性信念，也叫局限性信念，顾名思义，是妨碍一个人充实地成长并且获得成功而又快乐人生的信念，对人起到负面的作用。障碍性信念中，三个关于身份的信念负面作用最大。

第一个是"我的某件事情不可能……"。例如，"我的病不可能好了"。拥有这种信念的人消极悲观，怨天尤人，会因为自身的局限性信念被困于困境之中。第二个是"我没有能力……"。例如，"我无法夺得冠军"。这样的人认定自己无能为力，所以彻底放弃，或者一味地抱怨自己，最终对事情的解决毫无帮助。第三个是"我没有资格……"。例如，"我怎么可能有这样的好运气"或者"我天生就该受到挫折"。这样的人认命，对于命运逆来顺受。所以要想激励员工勇敢地成为公司的主人，成为公司的决策者，作为管理者首先要帮助他们消除障碍性信念，才能让他们走出内心的囚牢，勇敢坦然地面对工作和学习，也成为主宰自身命运的舵手。

当然，很多公司在创业之初只能采取集权制，毕竟一旦过于放权，就会导致多头管理，也会导致管理者在员工面前失去威信。所以不管是集权还是放权，管理者都要把握好适当的度，这样才能让管理工作事半功倍，也才能让员工心甘情愿地执行决策。退一步而言，集思广益原本就是管理者应该做的工作，毕竟三个臭皮匠，抵过诸葛亮。作为管理者，千万不要因为职位高就曲高和寡，从来不把他人的意见和观点放在心上。有的时候，金点子恰恰是名不见经传的员工口中说出来的。

乔治·伊士曼作为柯达公司的创始人，始终坚持开拓创新。1880 年，伊士曼研究出一种新型的感光乳剂，使得人们为之轰动。很多人主动给伊士曼投资，支持他的研究。此后又历时数年，伊士曼最终研制出后来被成为"伊士曼胶卷"的卷式感光胶卷，从而使得人们无须再使用脆弱笨重的玻璃片作为底片。时隔两年，热爱摄影的人又迎来了福音，因为伊士曼研究出了新型的小型照相机，从此

之后，人们再也不用马车拉着摄影器材到处走走看看了。

当然，开拓创新只是伊士曼带领柯达公司发展的一个重要因素，除此之外，伊士曼还尤其看重员工的提议。为了改善公司的经营状况，伊士曼总是认真听取员工的意见，甚至还专门设立了建议箱。在当时，还没有任何一家公司像伊士曼这样民主呢。每一位公司成员，都可以把自己的意见或者不满写下来，投入建议箱，会有专门的人负责阅读这些建议，并对有效的建议进行及时处理。如果某项建议能够为公司节省开支，那么公司在执行这项建议的前两年，会把两年之内节约金额的15%用于奖励提出建议的员工。如果员工的建议促成了新产品上市，那么公司将会把新产品第一年销售额的3%回馈给员工。当然，除了如此重视被采纳的建议之外，为了保护员工提建议的积极性，哪怕建议没被采纳，负责人也会给提建议的人正式的书面反馈。最重要的，公司有完整的考核制度，关于提出建议的相关情况，也会被作为人员考核和聘用的依据。

仅仅看柯达公司后来的发展，就知道伊士曼这个建议箱取得了多么好的效果。其实，伊士曼的建议箱不但让员工参与到公司决策中，成为公司的主人翁，也因为良好的激励制度，使得柯达公司从上到下每一级的员工都很热衷于为公司集思广益。不得不说，这样的制度，让柯达公司拥有一批忠心耿耿的员工，也让柯达公司最终发展壮大，变成举世闻名的大企业。

管理者要想与员工拉近关系，让员工对公司忠心耿耿，最重要的就是给予员工平等的地位，让员工意识到自己也是公司的主人翁，也拥有非凡的权利。让员工参与决策，实际上对于管理者而言没有任何坏处，只会开阔他们的视野，发散他们的思维，让他们做出更加理智的决定。与此同时，还能让员工更积极地投入工作，在工作上卓有成效，何乐而不为呢？相信每一位高情商的管理者，都能做出正确的选择，也会马上果断展开行动。

第四章

知人善用，人尽其才，让每个员工都找到最佳位置

正如《西游记》中唐僧的团队，看起来每个人都不是很完美，但是每个人却都不可或缺。唐僧是精神领袖，孙悟空是能力超群的大师兄，猪八戒偶尔也能帮点儿忙、闯点儿祸，沙和尚是默默无闻的挑脚夫。最初的西天取经途中，这个团队就像一盘散沙，不是唐僧被抓走了，就是孙悟空撂挑子跑回花果山了，然而在不断的磨合中，他们最终找到了自身的位置，也成功地拧成一股绳，完成了西天取经的重要任务。企业管理中，何尝不需要这样和谐的局面呢，每个员工看似都不完美，但是一个萝卜一个坑，每个员工都不可或缺。要想做到这一点，就要求管理者必须知人善用，人尽其才。

1. 团队不需要碌碌无为的领导者

每一位管理者最大的梦想就是打造属于自己的优质团队。当然，优质团队并非是一句口号，而是要真正以实力说话的。每一个优质团队中，首先要有一位素质全面、能力超群的领导者。这样一来，整个团队才有了方向，所有的队员也都有了效仿的榜样。有的时候，领导者甚至完全决定了团队的发展，因为他得到所有人的信任，也是所有人心中的明灯。

一位优秀的领导者一定是富有个人魅力的，所以他才能在团队中一呼百应。然而，他时而站在团队的前方指引方向，时而也会消失在幕后，成为幕后的英雄。他并不事必躬亲，而是最善于整合人力资源，最善于把每个人都安排在最合适的位置上，从而才能实现整个团队的效率最大化，也卓有成效地提升整个团队的战斗力。遗憾的是，现代职场上，很多领导者虽然放权和授权，但是却没有起到预期的效果。眼看着员工把工作搞得一团糟，他们不得不又把事情捡起来，亲自去做，收拾残局。不得不说，这样的领导者正处于火山口，置身于管理工作的危险之中。

大多数平庸的管理者，在工作中总是忙前忙后，庸庸碌碌。他们每天都数次出现在员工的视线中，不知情的员工甚至以为他们是公司的清洁工，而不是公司的管理者。最终，他们哪怕累得筋疲力尽，随着公司规模的扩大，公司的业务越来越多，他们也还是无法把每件事都做好。也因为他们总是抢着干，导致真正相应的管理者无事可干，只能每天无所事事。实际上，真正高明的管理者主张无为而治。换言之，他们不会总是出现在员工面前，而是先制定严格的规章制度，以约束员工主动自发地工作。这样一来，团队的工作效率自然大幅度提升，公司里的每个人也都会高速运转起来。所以团队中并不需要碌碌无为、整日瞎忙的领导者。

有一天，刘邦与韩信讨论自己麾下每一位将领的带兵才能，最终得出结论，即每一位将领都各有所长，难分高下。兴之所至，刘邦问韩信："你觉得，我能带多少兵？"韩信笑了笑说："陛下最多只能带十万兵。"刘邦不甘心，又问："那么，你能带多少兵呢？"韩信不假思索地说："我嘛，当然是多多益善。"刘邦问："既然你带兵多多益善，是个天下难得的将才，为什么反而会被我捉住呢？"韩信说："陛下尽管不善于带兵，但是却非常善于统领将领。所以，我作为将才，就被陛下降服了。最重要的，陛下天赋异禀，其他人再怎么努力，也无法达到陛下的高度。"

毫无疑问，在古代的诸多君主之中，刘邦无疑是情商最高的。他数次遭遇困境，又化险为夷，哪怕马上就要陨落，到了寄人篱下的地步，也能够东山再起。这都是因为刘邦具有极高的情商，所以才能把那些有才学的人、有能力的人都收到麾下。诸如韩信，曾经被称为"兵仙"。可以说，如果没有韩信这员大将，刘邦与项羽之间的战争还要继续下去，不知道胶着到何时。

如果把刘邦率领的国家比喻成一个团队，那么刘邦当然不是一位碌碌无为的领导者。他有着火眼金睛，能够准确辨识每一位下属的过人之处，从而知人善用，人尽其才。要知道，作为领导者，最高明的境界不是亲自去做任何事情，而是统筹全局，运筹帷幄，从而让每一个人才都为他所用，这样就会起到一加一远远大于二的作用，使得整个团队都所向披靡，无往不胜。

当然，现代职场上形势瞬息万变，领导者虽然要引领整个团队的方向和发展趋势，但是如果领导者继续搞一言堂，那么反而会限制团队的发展。如今这个时代，个人主义的超级英雄已经不再适用。每一位领导者都要扎根于现实，不断地广征博览，也虚心地采纳他人的意见，从而才能让管理工作变得更加生动灵活。

要想成为一名杰出的管理者，必须具备三种素质，即勇气、自信、主动。唯有具备这三点，领导者才能摆脱碌碌无为的现状，变得卓越起来。而且领导者还要拥有开阔的眼界，拥有勇敢决断的魄力。要知道，现代职场各行各业都与国际接轨，形势更是瞬息万变，再加上激烈的竞争，领导者必然要具备坚强的意志，在任何情况下都能带领团队披荆斩棘。

2. 用人所长，让金子发光

一名卓有成效的管理者，一定能够发挥员工的长处。他必然清楚，木桶理论并不适合于界定员工的素质和能力，而唯有更多地关注员工的核心竞争力，才能让每一位员工都在合适的岗位上发挥自己的长处，从而竭尽所能为团队创造成绩，创造效益。

因为管理者特殊的位置，所以用人所长也有着多重的含义。对于员工，管理者要用员工所长；对于自身，管理者要用自身所长；对于上司，管理者要用上司所长。唯有每个层级的人都在发挥自身的长处，团队才能以实力赢得更多的机会。也可以说，对于组织而言，用人所长、人尽其才，就是最重要的目的。所谓金无足赤，人无完人。每个人都有自身的缺点和长处，而且几乎是无法改变的。在这种情况下，卓有成效的管理者会让每个员工都处于合适的位置，所谓合适，就是这个位置有利于员工发挥自己的优点和长处，从而变得越发强大。就像人们常说的，如果无法改变外界，那就要改变自己的内心。对于管理者而言，如果无法改变人才达到自己的满意，那么就让人才去做他们最擅长的事情。

人尽其才，就相当于在赛马的过程中，每一场都拿出了自己最好的上等马，去应对他人。即便不能获胜，也不会输得很难堪。而一旦遇到对方的中等马或者下等马，就能马上轻松取胜。如此只赚不赔的生意，为何不做呢？

要想用人所长，对于管理者而言，首先在于选择正确的人。大多数高情商的管理者，在选择用人时，都不会一味地盯着人的缺点看，而是首先考量这个人最擅长哪个方面，能够做些什么，从而发挥他的长处，使得人尽其才。

美国南北战争时期，虽然格兰特将军爱酒如命，但是林肯依然力排众议，任命格兰特将军担任总司令。难道林肯不知道酗酒会耽误大事，而且会贻误战机吗？他当然比谁都清楚这一点。但是他更清楚的是，在所有的北军将领中，唯有格兰特将军能够运筹帷幄，把控大局，而且也有胆识有魄力，能够决胜于千里之外。所以当有人在林肯面前告状，说格兰特是个酒鬼，根本不能担任总司令时，林肯幽默而又坚决地表明了自己的态度："如果我知道他最偏爱什么酒，倒是应该送给他几桶，这样他才能邀请全体将士喝酒。"最终的事实证明，在格兰特将军走马上任总司令之后，南北战争出现了关键的转折点。

毫无疑问，林肯对于格兰特的缺点心知肚明，然而作为一名领导者，林肯更知道不能一味盯着下属的缺点，而要看到下属无人能够取代的优点。在格兰特将军之前，林肯其实已经任命了三四位将领，然而这些将领虽然没有致命的缺点，却也能力平平，没有表现出任何过人之处。在北军占据人力和物力绝对优势的前提下，他们在战争中没有取得任何进展。而南方的李将军自从任命杰克逊获得成功，随后的每一位将领都有这样或者那样的缺点。但是李将军对此不以为然，因为他更了解这些浑身缺点的人有着无人能及的优点和长处。正因为如此，林肯当初选用的那些毫无缺点的将领，才会败给李将军手下那些浑身缺点却瑕不掩瑜的将领。

　　金无足赤，人无完人，作为领导者在选用人才的时候千万不要一味地想要避开缺点，而不考察人才的优点。否则，就会导致团队变得非常平庸，甚至毫无可取之处。要知道，战场上不求有功、但求无过，最终会造成巨大的损失和不可挽回的失败。同样的道理，在竞争激烈的现代职场上，同样不能任用那些做起事情来四平八稳但也无法做出出类拔萃事情的人。

　　这个世界上，并没有真正的全能手，也没有所谓的十全十美。一个领导者如果不能着眼于发挥下属的长处，使得下属人尽其才，而是一味地盯着下属的短处，让原本有着过人之处的下属不得不屈居人下，那么这位领导者在选用人才方面就是完全不合格的。在美国，著名的钢铁大王卡内基的墓志铭告诉人们——躺在这里的人，只是善于聘用能力比自己强的人来为自己工作而已。这就是成功的秘诀，也是领导者能够做出伟大事业和成就的捷径。每一位领导者要想做到这一点都必须知道，用人的目的是用人做事，而不是为了迎合自己的喜好。所以高情商的管理者在选用人才的时候，不会考虑那个人才是否是自己欣赏的，也不会考虑那个人才是不是坏脾气的。他们只需要确定那个人才的长处可以为自己所用，这就足够了。

大多数人都有一种本能，就是把自己的所有能力都用于发展某项事物，从而让自己在特殊领域内成为真正的行家和专家，也就是他人所说的天赋异禀者。既然如此，作为管理者在聘用他们的时候，就不要再要求他们必须是"完美的人"，或者要求他们拥有成熟的个性。如果让莫言去做化学研究，那么他一定无法获得化学领域的诺贝尔奖；如果让屠呦呦从事文学创作，她也一定无法成为像莫言那么优秀的作家。所以，每个人只要在自己擅长的领域内做出贡献就够了，我们无法要求十全十美，更无法要求每个人都面面俱到。

为了让下属最大限度发挥自己的长处，在工作过程中，领导者还可以针对下属的长处，预先对下属提出一定的要求。这种要求既可以是学术方面的，也可以是业绩方面的。很多时候，工作上的懈怠就是因为漫无目的。唯有提前设立目标，领导者和有特殊长处的下属，才能都拼尽全力地做出成就。需要注意的是，高情商的管理者并非对下属的缺点和不足视若无睹，而是因为他们虽然看到了下属的缺点，但是知道下属的缺点并不会影响下属完成他们所擅长的工作。既然如此，就让木桶的短板存在吧，只要不拿这个木桶盛水，而是用这个木桶来做其他合适的工作，根本没有关系。当然，高情商的管理者也可以用这只木桶盛水，只不过目的是为了浇灌沿途上的花朵，让花儿开得更加鲜艳而已。

3.让专业人员的工作卓有成效

在管理工作中，既有普普通通的员工，也就是随时都能够找到他人替代的职位和角色，也有专业人员。所谓专业人员，就是术业有专攻的人。他们在某个方面有所专长，是知识工作者，知识工作者工作的成果就是构思、信息、观念等。那么，如何让专业人员的工作卓有成效呢？虽然专业人员有专长，但是他们的专长本身就是片面的，是完全孤立的。现实生活中，也有一些专业人才总是显得很孤僻，这大概也与他们的工作不像普通工作那样需要与人进行密切接触和合作有关系。在这种情况下，专业人员的专长必须与其他人的产出相结合，才能卓有成效。诸如一家公司研发部门的专业人员研制出新的机器，但是他并不能从事生产，唯有在研发成功后，把自己的专利贡献给工厂，让工厂进行大批量生产，再由公司的销售部门展开营销，最终卖给那些需要的人，这样机器才体现出自身的价格，为人类生活造福，同时也为公司创造效益。

当然，让专业人员的工作与其他人的产出结合起来，最终创造效益，实现价值，并非是让专业人才变成全能人才。而只是让专业人员提升自我的有效性，从而更加及时地把专业人员的专长变成实实在在的成果和效益。

尤其是现代职场，术业有专攻，几乎每个人都有自己的专长。各行各业的工作划分都很细致，没有人能够包揽多项技术。其实，这对于提升中国制造的品质是有很大好处的。以前，中国是发达国家的代加工厂，而如今对于产品质量的追求，对于人才要求的严格，使得中国制造的品质也越来越高。常言道，隔行如隔山，这句话也生动地表现出不同行业的人各有所长，无法互相取代的现状。因而作为知识分子，作为专业人员，很有必要让他人了解自己。曾经，有很多知识分子觉得普通人必须配合自己，才能完成工作，而自认为只需要与少数同行的专业人员沟通。其实，这样的思想完全落伍了。作为高情商的管理者，除了想方设法从各个方面提升工作成效之外，也要把专业人员作为切入点，以恰当的管理方式，督促专业人员更好地与普通同事沟通与合作，这样一来，整个团队的工作才会效率倍增。

当然，高情商的管理者还会主动向专业人员询问他们需要帮助的地方。诸如，他们会问专业人员"你觉得，我需要在哪些方面帮助你，从而才能让你在工作上享受更大的便利？"或者"你们觉得我应该以什么形式为你们提供帮助？"这样的询问看似平常，实际上是管理者帮助专业人员提升工作效率、加强与同事合作的好方法。

作为财务部门的总监，每个月都会督促会计人员把报表下发给相关的部门经理看。诸如市场部经理、成本控制部经理、营销经理等。原本，财务总监觉得这些报表看起来非常简单，一目了然，却没想到那些部门经理在拿到报表之后全都觉得一头雾水，丈二和尚摸不着头脑。原来，并非科班出身的他们根本不知道这些表格怎么看，也不知道如何从中得出自己想要的数据。

原本，财务总监并没有发现这个让人尴尬的问题，直到有一次一位部门经理询问他这些报表中的数字分别代表什么，他才恍然大悟。他当即召集各位部门经理召开会议，询问他们希望得到怎样的数据展示。最终，在大家的集思广益之下，报表被以图表的形式做出来，鲜艳区分的颜色和不同的蛋糕大小，让市场部经理一下子看出来市场份额的波动。成本控制部经理也从不同高度的柱状图上，看出来成本的浮动。营销经理通过对比广告投放和销售额之间的关系，对于广告投放的力度有了更好的把握。

作为一名专业人员的管理者，一定要具备高情商，而不要理所当然地认为自己能看懂的东西，其他人也一定能看懂。实际上，隔行如隔山，很多时候本专业管理者能看明白的报表，在他人眼中却会如同天书一样，根本看不懂。在这种情况下，管理者应该学会沟通，尤其是要主动沟通，从而让本部门专业人员的工作与他人的工作联系紧密，也变得卓有成效。

也许有的专业人员不仅仅精通一门学科，而是精通几门学科。即便如此，他们也并非是通才，而是精通几门专业知识的专家。也许他们能够把自己精通的几门学科联系起来，从而融会贯通，但是更重要的还在于在管理者的协调下，把自己的专业知识与他人的产出相结合，从而创造更大的价值，做出自己的贡献。

需要注意的是，在管理过程中，高情商的管理者还会留意到一个小细节，那就是注意协调专业人员与普通员工的关系，也提醒有些高傲自大的专业人员，处理好与同事以及上下级之间的关系。唯有拥有和谐的人际关系，整个团队才能人尽其用，让人力资源整合起来，收获最大的成就。

4. 也许你只是缺少发现员工长处的眼睛

曾经有位名人说，这个世界上并不缺少美，缺少的只是发现美的眼睛。我们也要说，这个世界上并不缺少优秀的员工，缺少的只是发现员工长处的眼睛。就像韩愈所说的，千里马常有，伯乐不常有。的确，现代社会竞争激烈，所以并不主张千里马等着伯乐来寻，而要求千里马在伯乐面前展示自己，获得伯乐的认可和赏识。然而，有的时候伯乐也未免会产生审美疲劳，或者一时走神，说不定就把哪匹千里马错过了。因而作为企业的管理者，在人才济济的当代社会，必须瞪大眼睛，一定要努力发现员工的长处，而不要错过优秀的员工。

要知道，千金易得，一将难求。对于管理者而言，如果能够发现优秀的人才，并且把人才带出来，那么管理工作就会卓有成效，也会轻松很多。当然，人才并不总像毛遂面对平原君一样振振有词，勇敢自荐，很多时候，人才甚至自己也不知道自己的才华。这种情况下，如果管理者能够发现人才，栽培人才，那么就是人才不折不扣的缔造者，在成就人才的同时也成就了自己。

所谓金无足赤，人无完人，每个人的优点和长处都是不一样的，当然，每个人的缺点和不足也不一而足。作为管理者，除了要做好管理工作，完成分内之事，也要注意发掘和培养人才。很多管理者任人唯贤，在发掘人才的时候，一旦发现人才有任何缺点和不足，马上就会弃之不用。敢问，作为管理者，您难道就是十全十美、毫无瑕疵的吗？如若不然，居然你能得到上司的赏识，同样作为上司，你为何不能宽容地对待下属的缺点，从而给下属一个机会更好地发展和成就自己呢？作为高情商的管理者，一定不要一味地盯着下属的缺点看，因为一个缺点而否定下属整个人，这当然是不公平的。理智的管理者知道瑕不掩瑜的道理，哪怕看到了下属的缺点，也会努力发现下属的长处，从而把下属安排到合适的位置上，让下属实现自身的价值。

作为一名编辑，杨主编每个月都会收到很多的稿件。这么多年来，有个作者每个月都会给她寄稿件，遗憾的是，这位作者文学资质平庸，虽然数十年如一日地坚持，但是始终没有大的起色。有一天，杨主编又收到那位作者的稿件，读完之后觉得兴致索然。她正准备退稿给作者，突然发现作者的稿件上，字体遒劲有力，通篇文字居然没有任何修改和涂改的地方。杨主编不由得暗暗赞叹：这样一手好字，哪怕当个书法家也绰绰有余了吧。

当即，她提笔给这位作者写了一封信：尊敬的作者朋友，非常感谢您十几年来对我工作的支持。您从不间断地投稿，但是我突然觉得也许您应该朝着书法方向发展。毕竟您的字写得比您的文章漂亮得多，要不您试一下？摸着沉甸甸的退稿，作者一开始很沮丧。但是在看完回信之后，作者突然变得兴奋起来：是啊，既然我写了这么多年都没有结果，我为何不试试在书法方面发展呢？就这样，作者很快写了书法作品，居然反馈非常好。从此之后，世界上少了一个痴心不改的作家，而多了一个非常优秀的书法家。

虽然编辑并不和作者在一起工作，但是从工作关系上而言，编辑却是作者的管理者。一旦作者的稿件达到出版要求，就会与出版社建立合同关系。从这个角度而言，事例中的杨主编无疑是一个善于发现下属长处的管理者。她在看到作者数十年如一日地投稿，却始终没有成就之后，心明眼亮地发现了作者实际上已经不知不觉中练就了一手好字，因而当即提笔提醒作者可以在书法界发展。最终，杨主编负责任的举动，给了作者一条出路，也使得作者做出了成就。

作为管理者，你是否曾经用心地对待员工，以火眼金睛发现员工的长处，并且把员工安排到最适合他发展的职位上呢？不得不说，现代社会，职场上的竞争日益激烈，所以很多大学生毕业后根本无法从事自己的本专业，更别说从事自己喜欢的工作了。在这种情况下，有很多人选择在职场上懵懂度日，当一天和尚撞一天钟，根本没有所谓的激情可言。如果管理者能够通过细致入微的观察，发现员工的优点，也为员工安排最合适的职位，那么相信员工一定会"海阔凭鱼跃，天高任鸟飞"，从而最大限度发挥自身的能力，也创造自己的最大价值。

管理者发现员工的长处，栽培员工成才，还有一个隐藏的好处。那就是大多数管理者并不从事实质意义上的工作，因而他们的成就需要通过员工的成就体现出来。诸如某知名二手房经纪公司，在提拔管理者的时候，就要考察管理者是否培养出人才、为公司培养了多少人才作为考核的标准之一。哪怕在其他的行业中，作为管理者，如果主动发掘和培养人才，那么不但会在公司里拥有更多自己的人，也会巩固自己的地位，最终在工作上有突出的表现和杰出的贡献。所以作为高情商的管理者，一定要练就火眼金睛，不遗余力地发掘人才，培养人才，随着培养的人才越来越多，管理者不但工作上更轻松，而且在工作上的地位也会水涨船高。

5. 任务过重，不如帮员工分解目标

1984 年，国际马拉松邀请赛在日本东京举行。这次比赛的结果出人意料，日本选手山田本一居然夺得了世界冠军，更让人惊讶的是，山田本一在此之前从未有过任何突出的表现。那么，始终默默无闻的山田本一是如何成为一匹黑马的呢？他又是凭借什么在比赛中脱颖而出的呢？当记者蜂拥而至采访山田本一时，他只是淡然一笑，回答说："我是凭借智慧获胜的。"凭借智慧在马拉松比赛中获胜？大多数记者都觉得身材矮小的山田本一只是故弄玄虚而已。毕竟马拉松比赛靠的是体力和耐力，甚至连爆发力和速度都无法起到关键的作用，更别说和智慧有什么关系了。

1986 年，国际马拉松比赛在意大利的米兰举行。如果说山田本一此前在东京比赛占据主场优势，那么当在米兰的马拉松比赛中再次获胜，山田本一靠的又是什么呢？然而，再次获得冠军的山田本一依然告诉记者："我是凭借智慧获胜的。"为此记者们全都不以为然，觉得身材矮小的山田本一一定在故弄玄虚。直到十年后，山田本一出版自传，谜底才被揭开。原来，山田本一每次比赛之前都会先熟悉比赛的路线，然后记下比赛途中经过的那些标志物，诸如第一个标志物是一家银行，第二个标志物是一棵高耸入云的大树，第三个标志物是一座红色的房子，如此一来，直到比赛的终点，全都被他以各种标志物进行了划分。这样一来，山田本一根本无须奔着遥远的终点努力，而是先以极快的速度冲刺向第一个目标，然后再以第一个目标为起点，飞速冲刺到第二个目标，以此类推，他快速而且非常轻松地跑完了马拉松全程。毫无疑问，大多数参加马拉松比赛的人都把目标定在四十多公里外，他们跑到十几公里时就会因为目标遥不可及，而心生疲惫。和他们截然不同，山田本一逐个完成目标，所以才能始终保持激情和动力，也才能顺利完成比赛。

毫无疑问，当一个人面对几百级台阶，一定会觉得非常恐惧。然而如果把几百级台阶进行分解，每次只要努力爬上一个台阶，这样循序渐进，最终一定能实现目标。这就是目标分解法。现代职场上，很多公司都会把特别艰巨重要的任务交给员工。每当这时，员工也未免觉得心力憔悴，不知道如何下手。作为高情商的管理者，除了不断督促员工要努力完成工作任务之外，还要在员工面对工作无从下手的时候，帮助员工分解工作目标，从而把远期目标分解成长期目标，把大的目标分解成小的目标。如此一来，看似不可能完成的任务就会被逐个击破和实现，等到量变引起质变，整个工作任务也就顺利和圆满地完成了。

对于管理者而言，设定正确的目标是他们重要的工作任务之一，此外为了保证目标的实现，他们还要帮助员工设定正确的目标。众所周知，很多管理者自身并不从事切实的工作，所以他们的成就要靠员工的工作成就去实现。很多情况下，如果员工在工作的过程中没有目标，他们就会像没头苍蝇一样四处乱撞，而如果他们的目标不切实际，他们又会失去信心，导致身心俱疲。目标就像是最佳路径，虽然获得成功没有捷径，但是如果能通过最短的路径实现目标，那么自然可以节省很多的时间和精力。

当然，需要注意的是，管理者在帮助员工分解目标的时候，可以站在客观的角度给出建议，但是在真正制定目标的过程中，却不要完全代替员工做决定。人即使再怎么设身处地，也不可能完全了解他人的感受和苦衷，所以管理者虽然是员工的上级，也不要全权为员工代劳。而要根据员工的实际情况，也尊重员工的想法，才能制定恰到好处的目标。

帮助员工分解目标，除了让员工更能够拼尽全力到达一个又一个的小目标之外，也能使员工在每完成一个小目标之后，就受到激励，从而保持信心和勇气，不断奋勇向前。没有目标，就不可能获得成功，由此可见制定目标至关重要。在制定目标时，除了要尊重员工的目标之外，还要以公司目标为重。员工依托公司而发展，公司的利益大于员工的利益，只有公司获得好的发展，员工才会有更好的平台。在制定目标的时候，管理者一定要以公司目标为重，在不违背公司目标的情况下，帮助员工制定和分解目标。唯有如此，员工发展与公司发展才能相辅相成，互为促进。

还有最重要的一点，管理者在为员工制定目标的时候，一定要保证目标有效。有些管理者好高骛远，恨不得以极高的目标促进员工快速成长起来。殊不知，有的时候过高过难的目标非但无法对员工起到激励的作用，反而会使员工变得沮丧，失去自信，自暴自弃。所以高情商的管理者在给员工设立目标的时候，不会让目标变得遥不可及，而是设定让员工稍微努力就能实现的目标，而且目标还要能够用可见行为描述，这样一来，员工才能坚持不懈，向着目标不断前进。

6.引导员工从积极的角度看待问题

心若改变，世界也为之改变。不管是在生活中还是在工作中，这句话都很有道理，也同样适用。很多时候，看待问题的角度不同，我们会产生截然相反的感受。很久以前，有个老太太有两个女儿，她的大女儿是卖伞的，小女儿是开染坊染布的。每到晴朗的天气，老太太就很忧愁。邻居问她怎么了，她说天气晴朗，大女儿的伞就不好卖了。每当遇到阴雨连绵的天气，老太太也很忧愁，邻居问她又怎么了，她说天气阴雨连绵，小女儿染好的布根本没法晾晒。邻居看到老太太忧愁的样子，因而劝说老太太换个角度考虑问题，即天晴的时候小女儿赚钱，下雨的时候大女儿赚钱，两个女儿不管天气如何都有钱赚，这岂不是很好的事情吗？果然，老太太开心起来。

从老太太的心态改变我们不难看出，任何时候，问题不会因为我们欣喜或者忧愁就有任何改变，但是当我们的心态改变，我们会感到柳暗花明又一村。所以作为高情商的管理者，除了领导和督促员工勤奋工作之外，也会引导员工从积极的角度看待问题。这样一来，不但帮助员工端正心态，调整情绪，而且能够让员工变得更加积极主动，也使得面对的难题迎刃而解。曾经有位名人说，既然哭着也是一天，笑着也是一天，那么何不笑着度过生命中的每一天呢？的确如此，既然忧愁苦闷也要解决问题，乐观主动也要解决问题，我们何不乐观主动，积极面对问题呢？

当然，管理者要想引导员工从积极的角度看待问题，主动地解决问题，就要了解员工的心理，而不要盲目给员工出主意。除了要了解员工面对怎样的难题之外，管理者也要了解员工的脾气秉性，从而针对员工的性格特征有的放矢，有效地帮助员工。尤其是现代职场上，很多情况下，管理者自身也有一些紧急情况需要处理，但是管理者也不能以此为原因就忽视员工的需求。当不能给员工切实的帮助时，管理者哪怕告诉员工"我是你最坚强的后盾""我相信你一定能圆满解决问题"等诸如此类安慰的话，也会给予员工很大的安慰和激励，使得他们更加不遗余力地投入工作之中。

这就要求管理者必须深入了解员工，甚至走入员工的内心世界，了解员工的心理状态，从而才能调整员工的情绪。有的时候，也不要忽视情境的作用。很多话，也许在不同的场合说出来，效果是完全不同的。诸如在花前月下，很适宜丈夫向妻子表白"我爱你"，但是如果妻子正因为丈夫忽略自己而大发脾气，丈夫此刻再说"我爱你"，未免让妻子感受到嘲讽的意味。同样的道理，在职场上，作为管理者，与下属交流的时候同样要考虑到情境的因素。举个最简单的例子，假如有一位管理者原本想要与下属们一起召开部门成立一周年的庆祝聚会，但是在聚会举行的前一个星期，突然有位员工因为工作失误，导致失去生命。在这种情况下，再举行庆祝聚会还合适吗？毋庸置疑，此刻的庆祝非但无法增强员工的凝聚力，还会使员工觉得公司对于失去一名员工的性命根本无所谓，甚至因此导致觉得公司冷血，不想继续再为公司效力。这时，高情商的管理者或者取消庆祝聚会，或者以另一种缅怀死者的方式举行简单的追悼会，也为其他员工敲响警钟，让每个人在工作过程中都把生命安全放在第一位。如此一来，员工必然觉得公司是人性化的，也是很重视员工的，从而提振对于公司的信心。

毋庸置疑，当在工作中遇到问题的时候，作为管理者，千万不要沉不住气，先变得暴躁不安。要知道，管理者是团队的灵魂和核心所在，越是在危急时刻，越是能够稳定大局，也能够带领员工找到更好的办法处理问题。所以很多高情商的管理者，在员工遇到危机时，先不急于确定责任，也不急于推脱责任，而是会理智对待，首先倾听员工的诉说，安抚员工的情绪，然后再循序渐进地引导员工从积极的方面思考问题。

作为职场新人，刚刚大学毕业的蔡雅工作非常努力，因为她很珍惜这次工作的机会，也希望自己能够顺利度过试用期，留下来继续工作。然而，也许是因为工作经验不足，也许是因为紧张，在为公司做一份报表的时候，蔡雅居然因为写错了一个小数点，给公司造成了巨大的损失。

得知自己工作出错，蔡雅害怕极了，她害怕公司让她承担责任，也害怕会失去这份工作。然而，蔡雅的上司刘总找到她，对她说："先认真检查报表，把错误的地方找出来，这样你以后就能避免再犯相同的错误。此外，不要有过重的心理负担，毕竟公司要想培养新人，也是要付出代价的。我想，你不是故意的，而且一直以来工作表现良好，公司高层不会过分严厉处罚你的。当然，前提是你不再犯同样的错误，他们才会觉得公司为你交的学费还算值得。"听到刘总的话，蔡雅悬着的心终于放下了一半。她当即保证："刘总，我现在就去找出错误。公司不管怎么惩罚我，我都接受，毕竟我才来公司不久，还没给公司创造什么效益呢，就闯下这么大的祸。"后来，在刘总的庇护下，公司高层没有过度追究蔡雅的责任。而蔡雅呢，也因为痛定思痛，从失败中汲取经验和教训，此后果然再也没有犯过同样的错误。相反的，她还因为表现出色，后来得到了晋升呢。

面对忐忑不安的蔡雅，刘总几句话就能让蔡雅悬着的心放下来一半，也能安心工作。的确，正如刘总所说，公司要想培养新人，也必然要付出代价。尤其是在员工不小心导致工作失误的情况下，公司更要表现出高姿态，给新人改正错误的机会，作为管理者，也要根据实际情况决定如何引导新人乐观、积极地对待工作，解决问题。

人非圣贤，孰能无过，每一个孩子在成长的过程中都会不断犯错误，每一个成人在工作的过程中也如同孩子蹒跚学步，从不会走到踉踉跄跄地走，再到走得又快又好，必然需要一定的过程。管理者不仅要发挥管理的作用，而且要帮助员工建立信心，乐观面对工作中的困境。一个人不管付出怎样的努力，最终的目的都是希望自己的人生获得成功，也希望自己变得更快乐。每个人在每时每刻都有迫切追求的东西，这也就是人生的价值所在。举例而言，假如有人问你想要得到怎样的工作，最重视人生中的什么，最渴望得到怎样的结果，你会如何回答呢？你也许觉得所谓的酬劳、学习机会、他人的赞许及你对社会的贡献，这些是最重要的，也是你在工作的过程中孜孜以求的价值。实际上，我们正是因为受到内心的驱使，才会最终形成价值观，也才会决定做或者不做任何事情。在这样的心态下，我们或者想做，或者不想做，想做的欲望让我们内心拥有驱动力，而不想做的想法则让我们面临着内心的阻碍力量。当我们如愿以偿实现预期的目的，也创造自身的价值时，我们的人生价值也就不断累积，越来越大。当人生价值达到预期，我们当然会觉得人生很成功，内心也会获得莫大的满足和快乐。简而言之，所谓自信，顾名思义就是相信自己的能力，也相信自己可以实现自身的价值。当自身的价值达到预期，我们就会感受到人生的成功带来的快乐。

7. 竭尽所能，帮助员工解决问题

管理绝不等于仅仅只向员工发号施令，一个优秀的管理者，一个高情商的管理者，必然更加关注员工遇到了什么困难，遭遇怎样的困境。而管理者自身也拥有关键的技术能力，能够帮助员工解决问题。举世闻名的，在最初的发展阶段每个管理者都是技术专家。谷歌有一句名言：管理者必须撸起袖子与员工一起切实地干事情，这样当员工遭遇困难时，管理者才能真正帮助员工，也才能为员工做好后援工作。从另一个角度来说，当管理者成为技术专家，也能够在员工心目中树立威信，拥有权威，从而才能更好地带领员工解决问题。

作为一名高情商的管理者，一定会调用自己的资源，为员工解决问题，从而更快地实现目标。在管理工作中，问题导向的管理模式向来认为，之所以出现问题，就是因为缺陷或者不足导致的。也就是说，一旦问题出现，就意味着缺乏人手，或者人的能力不足，或者缺乏意志力等。然而，与问题导向模式不同的是，聚焦答案模式是假设任何由人组成的系统都有资源可以利用，而问题之所以出现，是因为系统内部的成员失去了解决问题的信心，也就是说他们不知道如何利用资源解决问题。从这个角度来看，聚焦答案性管理者的工作就在于提醒员工他们有哪些资源，也为员工提供新的工具，从而帮助他们构建合理可行的解决方案。当然，这些资源可以是无形的资源，也可以是具体有形的资源。很多情况下，失败与成功之间也会相互转换，暂时受到挫折，也许会使我们更加关注自身的缺点和不足。举例而言，一个销售人员如果失去了客户，那么未来他对客户一定会非常关注，如果员工失去了机会，那么未来也会做足准备，避免再次失去机会。这样一来，失败的劣势就会转化为优势，也使得员工距离成功越来越近。

有些管理者因为纯粹从事管理工作，所以未必能从技术层面上给予员工更好的帮助。其实，对于资源的理解不能狭隘。诸如有些管理者虽然不擅长技术，但是可以从人际关系等诸多方面帮助员工进行协调，也竭尽所能为员工创造良好的工作环境，这也是资源的一种。所以管理者对于员工的帮助不仅仅限于技术层面，而是包括方方面面。最重要的是，管理者与员工能否通力合作，顺利解决问题。

当然，很多情况下，管理者个人的资源是有限的，这就告诉我们作为管理者，所谓的资源并非仅仅局限于自身。很多高情商的管理者会整合整个团队的资源，从而集合整个团队的力量，这样一来，可利用的资源当然会大大增多。甚至有的时候在工作中，工作以外的其他资源也能起到很好的作用。因而管理者一定要瞪大眼睛，拿着放大镜发现所有的资源。

近来，技术员小马遇到了一个非常难以解决的问题。作为小马的上司、技术部的刘主管虽然是主管技术的，但是对于小马遇到的问题也束手无策。在和小马一起深入探讨问题之后，他意识到问题也许不仅仅在于技术本身，也可能牵涉到技术上下端的问题。为此，刘主管特意从技术的上端企业请来专家，从而与小马一起整合资源，找到问题的根源所在，最终圆满解决了问题。对此，小马对刘主管佩服得五体投地，他告诉其他同事："刘主管太厉害了，一个电话就请来了专家，在专家解释技术上端的问题之后，我就茅塞顿开。有一个无所不能的主管，真好。"虽然小马对于刘主管赞誉之辞未免夸大，但是也的确表现出作为管理者，能够整合资源为员工解决问题，就能在员工心目中树立威信，从而得到员工的钦佩和拥护。

总而言之，所谓的资源并不拘泥于技术领域，也不仅限于管理者自身，更不局限于工作范围内。只要是管理者能够调动的资源，只要是对帮助员工解决问题有帮助的资源，就是值得利用的资源。作为高情商的管理者，更要耳听四路、眼观八方，从而让更多的资源都得到合理充分的利用，也让员工的问题迎刃而解。

当然，在解决问题之前，作为管理者，首先要了解问题。很多员工因为对于工作没有整体把握，所以总是无法第一时间看到问题的本质。对于大多数管理者而言，职位更高，考虑问题也必然看得更远，这样就需要敏锐地观察问题，深刻分析问题，从而才能突破问题表面的迷雾，看到问题深层次的含义和本质。在职场中，没有任何问题是始终存在且从不改变的。问题总不会一成不变，也不会完全相同，所以审时度势也非常重要。有的时候，问题甚至根本不存在，而只是放出了一个烟雾弹来困扰我们，这种情况下，就是虚惊一场，但是却要引起足够的警惕。

管理者们不妨想一想，可曾有什么问题是看起来特别严重，而且无法解决和突破的？难道我们为此就要忍受问题的存在吗？在扪心自问自己如何应变之后，你会发现不管在问题发生之前还是在问题发生之后，你的工作只会有小小的改变，这种改变甚至维持的时间很短，根本不会影响你的正常工作。在员工出现问题时，管理者同样可以这样扪心自问。这样一来，我们就会发现其实一切并没有想象中那么可怕，而情况也不会变得更加糟糕。

需要注意的是，有的时候，问题本身就是一种资源。高情商的管理者很善于进行自我培训，从而主动地从问题中发掘资源，也最终顺利解决问题。这就像是很多语文或者英语的阅读理解，也像是数学中的应用题，要想解决问题，就要透彻了解问题本身，找到一切可以利用的资源和条件，最终让问题的解决水到渠成。总而言之，问题总是会得以解决的，很少有问题悬而未解。作为管理者，我们一定要发掘各种资源为自己所用，也为员工解决问题所用。当一切变得卓有成效，工作就会成绩斐然。

8. 帮助员工合理评估工作进度，完成剩余工作

对于大多数职场人士而言，如何保质保量地完成工作，这是一个问题。尤

其是在工作堆积如山的情况下，安排好工作进度，且按照既定进度推进工作，显得尤为重要。然而，每个职场人士都必须工作，哪怕作为老板，也必须工作，这是无法改变的。在职场，我们经常听到有人抱怨，"新来的领导简直是个女魔头，要把人折磨疯了""凭什么每个人都闲着，就我一个人干活呢"诸如此类的话，都快把人的耳朵磨出老茧子了。

实际上，人在情绪波动或者遭遇情绪低谷时，不管是在生活中还是在工作中，都会产生极端的倾向。对于人或事情的评价，因为受到极端倾向的影响，变得非黑即白。这种情况下，人完全失去客观公正，只是一味地走向极端，导致自己的情绪越来越糟糕。其实，情绪问题在每个人身上都会发生，不管是员工还是管理者，都会因为情绪波动导致自己心绪不宁，也会因为情绪上的波折，使得一切都变得被动。正如一位名人所说的，人最大的敌人是自己。一个人如果能够控制自己的情绪，那么就能够主宰自己的一切。所以作为管理者，一定要控制好自己的情绪，帮助员工合理评估工作的进度，顺利完成剩余工作，使得工作进展更加顺利。

实际上，衡量工作进度有着不同的标准，如果要求过高，自然会使现实的工作显得不尽如人意，但是如果要求过低，又导致管理者对于员工太松懈。唯有制定客观的衡量标准，才能更中公正地衡量工作进度，从而不引起员工和管理者情绪上大的波动。当然，现代职场各种情况瞬息万变，作为管理者，也要根据事情的发展情况客观评估。当高情商的管理者以恰到好处的方式对员工进行评估，而且让评估的语言充满有效性，那么员工也会得到更好的引导，在工作上也取得更快的发展。总而言之，管理者与员工之间的关系，实际上也是人际关系的一种，除了涉及工作上的问题之外，更要讲究交流的方式技巧，才能让一切进展顺利。

帮助员工衡量现在的工作进度，能够激励他们更加鼓起勇气，面对剩余工作。

当然，衡量工作进度并非我们想得那么简单，工作的推进不仅仅是线性的过程，也是立体的过程。诸如工作的质量如何，哪些地方做得最好，哪些地方做得最差，这些都是需要管理者总体考量的。而且还要考虑到员工在工作上的表现比起以前来是进步还是退步了，毕竟员工也需要不断提升和完善自我，从而才能在工作上有更好的表现。所以衡量员工的工作进度，绝不仅仅是问员工现在已经完成了几分之几的工作这么简单。

对于工作，张伟一直非常忙碌，但却不见成效。为了帮助张伟提高工作效率，也帮助张伟正确衡量自身的工作进度，上司宋主管决定帮助张伟进行工作进度评估。周一，宋主管特意交给张伟一个新的工作任务。到了周三，宋主管特意和张伟针对工作进度，进行了一番交流。

宋主管："你觉得自己对于工作的进展如何？"

张伟："我已经完成了工作的二分之一。"

宋主管："你在工作中遇到的最大问题是什么呢？"

张伟："进展还算顺利，目前还没有遇到棘手的问题。"

宋主管："那么，你有什么心得呢？"

张伟："也还好吧，我觉得就是按部就班地工作。"

通过这样一番对话，宋主管必然知道张伟并没有用心工作，只是在敷衍了事。实际上，每个人当用心做事情时，肯定会有所感悟，也会有所感触。工作中顺利的地方，尤其是不顺利的地方，一定会让自己有不同的感觉。而当一个人在工作中毫无感触，只是一味地推进工作时，可想而知这个人对待工作并没有用心，也没有成功地完成工作。

对于张伟，宋主管接下来要做的就是引导他对待工作更用心，从而也从工作中发现更多的问题。这样一来，张伟在接下来的工作中才能提高效率，也才能成果显著。此外，作为管理者，还可以告诉员工完成每个工作任务之后，都要有所收获，有所感悟，保持进步的态势。

9. 平等对待，会抹杀杰出者的贡献

在一家公司或者企业里，有绝对的公平存在吗？很多制度以公平为原则制定，能起到平等对待每一位员工的作用吗？其实，绝对的公平根本不存在，而所谓的公平制度只能兼顾公平。如果一家公司把所有制度都变得大同，那么这家公司很难有好的发展。这到底是为什么呢？很多职场人士如今都因为赏罚分明的考核制度而烦恼，因为他们在工作上只要稍有懈怠，就会遭遇淘汰。而有些工作中的佼佼者，却被管理者奉为上宾，礼貌周全地对待，这正是现代公司和企业的经营和管理之道。

人的五个手指头长短不一，实际上每个人的能力也有高低不同。所以量化只能保证一定限度内的公平，而不能保证绝对的公平。对于一个团队而言，如果坚持绝对的公平，反而造成了莫大的不公平。在职场上，很多资质平庸、在工作上表现平平的员工，总是呼吁公平，那是因为大锅饭对于他们而言有利可图。相反，很多能力突出的员工，根本不希望制度过于公平，因为他们想要凭借自身的实力做出最大的努力，从而让自己的价值得以凸显。其实，这个世界原本就是不公平的，每个人从出生开始，就注定要经历不同的命运，拥有不同的成就。然而，让大多数人都感到难以忍受的是，曾经和他们平起平坐的同事，在工作中突然有了突出的表现，得到升职加薪，从此之后和他们走上了不一样的道路。这样他们觉得难以忍受，也让他们觉得所谓的公平不复存在。

不得不承认，即使是处于同等职位的员工，对于工作做出的贡献也是完全不同的。这是因为每个人擅长的领域不同，每个人的专长也不相同。所以管理者一项重要的工作，就是区别对待表现不同的员工，奖励那些做出杰出贡献的员工，这样才能最大限度激励员工的积极性，使他们对于工作更加投入。否则，如果对于工作不管做多做少，做得好做得差，每个员工都是同等的待遇，那么那些杰出的员工一定会变得消极怠工，渐渐地也懵懂度日，很难满怀信心、充满激情地对待工作。

现代职场上，还存在一种不公平的情况。即有些人利用自己的资源和人脉关系，轻而易举就能给公司带来巨大的收益，所以他们理所当然哪怕每天只是去公司打个卡，也能获得相当水平的薪酬。在这种情况下，那些没有资源和人脉关系的人，就算拼尽全力，也无法到达他们的起点。这种情况下，没有资源和人脉关系的人必然觉得心理失衡，作为管理者，要引导他们从积极的方面考虑问题，不要因此就愤世嫉俗。毕竟所谓绝对的公平从不存在，哪怕我们再努力也无法企及他人的起点，我们也要继续努力。一切，都不能成为我们放弃努力的理由。

实际上，从管理者的角度而言，不管员工的优秀是因为自身的努力，还是因为占有资源，从公司发展的角度而言，只要员工能给公司做出贡献，带来收益，就是应该得到奖励和表扬的员工。要想实现这一切，就要让那些爱抱怨的平庸员工接受不公平的存在，这样他们才能摆脱抱怨的怪圈，也才能尽全力实现自己的价值。

大学毕业后，艾琳分配到一家报社工作。在报社里，她发现自己每天都很

忙碌，总有做不完的工作。但是办公室里一位大姐，却整日优哉游哉，除了打卡上下班，就是偶尔泡杯茶，看看报纸。艾琳初来乍到，未免有些愤愤不平。

一次，艾琳实在愤愤难平，因而问部门主管："马姐到底是什么来头啊，为何我们平日里那么忙碌，马姐却总是那么悠闲自在呢？我从未看到她做任何业务啊，她也从未真正出去跑过业务啊！"部门主管笑了笑，对艾琳说："艾琳，你难道不知道啊？马姐可是大有来头，是咱们社里的财神爷啊。马姐的姐夫是一家企业的负责人，每年都要在咱们这里投放大量广告。就像你们这么苦哈哈地出去跑吧，一年也跑不来马姐一半的广告投放。所以也别愤愤不平了，谁让你我都没有那么给力的亲戚呢。趁着年轻，还是要多多努力，才能有所发展，也才能尽早得到提升。"艾琳还是有些想不通，说："但是马姐的业绩也真的太容易了……她这么潇洒，每个月还有那么多额外的奖金……"主管正色说道："艾琳，你要知道，马姐也是在用自己的资源为出版社创造效益。如果你能做到和马姐一样，社里当然也会给你丰厚的回报。要知道，对于社里而言，尤其是对于我们市场部而言，唯有为社里拉到广告，才能更好地生存。对于业绩高的人，不管他们通过何种方式，只要不违法不犯法，就应该得到社里的奖励。如果你也有马姐这样的资源，你也能喝喝茶打个电话就为社里创收，但是社里却不奖励你，那么你觉得合理公平吗？你还会愿意继续为社里创收吗？"主管的话让艾琳陷入沉思，她觉得主管说得也有道理。

哪怕马姐的业绩来得再怎么容易，如果出版社不按照奖惩制度给马姐奖励，那么马姐一定不愿意继续为出版社创收。所以英雄不问出路，尤其是现代职场，更加关注最终的成绩。艾琳如果能想明白这个道理，就不会感到愤愤不平，而且还会努力提升自己，用实力为自己代言。

　　在职场上，最坏的制度就是平均主义，所谓的平均主义一旦来到职场就不再代表公平正义，相反，因为每个员工的能力不同，所以平均主义反而会导致真正的不公平。此外，为了激励员工工作的积极性，公司也会制定奖惩制度，从而让每个员工激情澎湃，努力付出。作为高情商的管理人员，在工作时，一定要注意更多地激励和奖励那些有杰出贡献的员工。这样一来，才能带动工作表现平平的员工也充满激情，斗志昂扬地投入工作。当某些员工对于薪酬上的贫富分化有意见的时候，管理者也应该解开他们心中的疙瘩，帮助他们打开心结，从而更加支持和拥护公司的制度，在工作上也能提高效率，有更出色的表现。

第五章

精诚团结，全力合作，打造优质必胜的团队

一个管理者，最大的愿望就是打造一支属于自己的优质团队。很多管理者本身并不从事任何实质性的工作，他们主要通过管理和组织工作，帮助员工做出更多的成就，从而也拥有自己优质必胜的团队。然而，打造优质团队并非朝夕之间的事情，尤其是随着团队成员的增多，增强团队的凝聚力，让团队发挥最大的力量，成为管理者急需解决的问题。作为管理者，必须与员工精诚团结，通力合作，才能不断增强团队的力量，也让团队的实力变得越来越强。

1. 接受员工抱怨，引导员工解决问题

在每一个团队中，不管管理者做得多么面面俱到，也不可能让所有的团队成员都感到满意。正如一千个人眼中有一千个哈姆雷特一样，一千个员工眼中也有各不相同的管理者。尤其是管理者所处的位置非常微妙，稍有偏颇，就容易招致员工不满。在这种情况下，与其一味地根据员工的意见改变自己，导致迷失自己，不如坚定不移地做好自己，这样才能够从容坦然，保持真我本色，也真正赢得员工的敬佩和爱戴。

在大多数人的心目中，都觉得管理者的工作是非常光鲜亮丽的，毕竟管理者不用从事普通的工作，而只需要发号施令即可。然而，大多数情况下管理者即使发号施令，也不可能一呼百应。这个世界上，以人为对象的工作是最难的工作，更何况管理者的工作往往与员工的切身利益息息相关，所以也就更加进展艰难。要想得到员工的认可和肯定，管理者首先要接受员工的抱怨，这样才能及时了解员工的心理动态，也才能有的放矢帮助员工解决问题。毕竟工作中各种关系错综复杂，完全的和谐是根本不存在的。很多时候，同事之间还会产生利益的纠纷，在这种情况下，管理者就要处于协调和主导的地位，才能恰到好处帮助员工解决问题。

在面对诸多不公平或者对工作不满意时，员工必然怨声载道。有些管理者一听到员工牢骚满腹，马上就会变得心浮气躁，甚至根本不愿意倾听。实际上，对于员工的抱怨，高情商的管理者会知道，一定要先认可员工的情绪和感受，才能平复员工的情绪，也才能真正有效地引导员工解决问题。否则，如果管理者不管三七二十一，先否定员工的各种情绪和不满，那么员工得不到管理者理

解和体谅的态度，必然导致情绪更加冲动，甚至与管理者之间爆发剧烈的冲突。这么一来，不但固有的问题得不到解决，还会引起新的问题和冲突，使得情况更加糟糕。

作为公司的部门经理，亨特一直以来都以善解人意见长，他也因此很容易就能通过员工毫无保留的倾诉弄清楚到底发生了什么事情，解决问题的效率自然也高了很多。那么，亨特到底是如何做到这一点的呢？其实很简单，那就是不管员工如何抱怨，亨特在刚开始的时候只会一味地倾听，而且还会对员工的各种不满表示理解。有的时候，为了帮助员工发泄情绪，亨特还会不由分说就站在员工一边，与员工一起指责公司的某项制度，或者指责公司的某个人。等到员工发泄完内心的情绪，也渐渐地恢复平静，亨特才会和员工一起想办法，引导员工积极努力主动思考，从而找到最合适的解决问题之道。

每当这时，"激情"过后的员工总是觉得有些不好意思，他们无法再对亨特大声抱怨，也因为情绪已经恢复平静，所以对于亨特的建议，他们也能理智地听进去。当然，因为亨特总是坚定不移地与情绪失控、怨声载道的员工站在一起，所以很好地安抚了员工的内心，也使员工哪怕对亨特有一点点不满意，也马上烟消云散。他们知道，亨特总是支持和帮助他们，是他们最坚强的后盾。认定亨特的立场之后，哪怕亨特说出的某些建议并不完全符合他们的心意，他们也能信任亨特，知道亨特的出发点是为了他们好。这样一来，亨特与员工之间建立了非常稳固的信任，这使得他们之间的一切问题最终都能得到圆满的解决。

要想有效地引导员工解决问题，先倾听和接受员工的抱怨，是非常重要的。很多时候，人们之所以牢骚满腹，并非是想得到一个明确的解决方案，而只是想要得到倾听者的理解和体谅，这样就能满足他们的心理，也能帮助他们尽快平复激动不安的情绪。事例中，亨特无疑是一个情商很高的管理者，因为他知道员工真正需要的是什么，也知道到底要以怎样的方法才能更好地帮助员工。

现代职场上，大多数员工对于现在的工作都不是很满意，他们或者不喜欢某位同事，或者觉得公司的规章制度不合理，或者觉得前途茫然。无论出于哪种原因，他们总是会抱怨，在这样的情况下，与其让员工把所有的抑郁情绪和不满都积压在心里，不如给员工一个情绪宣泄的渠道。与此同时，管理者也可以更好地了解员工的心理状态，从而在引导员工解决问题的时候有的放矢，事半功倍。总而言之，没有任何工作会是一帆风顺的，也没有任何员工是从不抱怨的。作为管理者，千万不要在员工一发出抱怨的时候就完全否定员工，否则管理者最终一定会变成孤家寡人，根本不可能打造出优质的团队。高情商的管理者不奢求所有的员工都符合自己的心意和要求，而是会努力引导员工，让自己和员工一起成长，从而最终成就一支优质的团队。

2. 与员工精诚合作，成为最佳拍档

现代职场上，很多员工在遇到问题的时候都会向管理者寻求帮助。有的时候，管理者可以轻而易举地帮助他们，有的时候，管理者也无法给出切实可行的解决方案，这种情况下，管理者与员工就需要一起探讨如何解决问题。当然，很多工作上的难题并没有那么容易解决，也许管理者或者员工都要动用更多的资源，才能为解决问题找到一点眉目。尤其是当管理者自身的资源对于解决问题无助时，得到员工的求助，并且员工主动把自己的资源展示给管理者，那么就意味着员工已经默许管理者利用员工的资源解决问题。

毋庸置疑，每一种能够被用来得出解决方案的工具，都属于能够切实有效解决问题的资源。提起工具，很多人都误以为所谓的工具就是扳子、钳子等等五金件，实际上职场上的工具大多数都是无形的，诸如观察力、直觉、本能、人际关系、经验等等。很多情况下，员工虽然拥有这些能够提供解决方案的工具，但是却因为经验的限制，根本不知道如何利用这些工具。每当这时，作为管理者，就要与员工精诚合作，整合资源，从而让形形色色的工具发挥更大的作用。

作为一家房地产经纪公司的老板，约翰完全是凭着自身的努力，才拥有了属于自己的公司。随着公司发展越来越好，约翰有的时候也去一家商业俱乐部参与各种消遣活动，正是在这里，他认识了咨询师杰克。

有一天，约翰打电话给杰克，原来他的公司发展虽然很顺利，但是他也变得越来越忙碌。为此，约翰的妻子总是抱怨连天，甚至指责约翰完全把自己卖给了公司，彻底抛弃了家庭。妻子始终觉得约翰的工作方式有问题，但是约翰却不这么想。直到妻子给他下了最后通牒：如果依然不能协调好生活和工作之间的关系，那就只能选择一样，或者关闭公司回归家庭，或者离婚，完全把自己奉献给所谓的事业。约翰当然不想选择其中的任何一条，所以他想到了杰克，想从杰克这里得到两全其美的方法。

在和杰克见面之后，约翰坦然承认："我曾经参加过管理课程，试图提高管理效率，但是毫无用处。我也知道管理上有很多技巧，但是我觉得它们完全不适合于我，而且我也没有时间学会使用这些技巧，让自己变得轻松起来。"杰克笑起来："没有时间就创造多余的时间，这个理论听起来很有趣啊。你还有其他的信息可以告诉我吗？"约翰继续讲述："我也聘用了一位职业经理人，希望他能帮助我从烦琐的事务中脱身出来，但是我始终没有时间与他深入沟通，虽然我们几次安排好开个碰头会，但是都因为各种各样的事情耽搁了。所以我现在总是惦记着要和这位职业经理人开会，但是始终没有实现。"

杰克问："所以你现在被工作追赶得无处遁形，心里是想让一切变得简单，实际上却更糟糕了。"约翰点点头，说："是的。"杰克接着说："你哪怕再努力，也不可能凡事都亲力亲为，面面俱到。你很清楚，消防员如果只靠拎着一桶水四处奔波，是不可能把火扑灭的。实际上，你应该与你的下属精诚合作。这样一来，你才能最大限度发挥管理人员的效用，也解放你自己。"接下来，杰克和约翰针对如何与员工成为搭档进行了一番长谈。最终，约翰渐渐改变管理的方式，也努力信任自己的下属和员工。他学会了放下，也成为了非常优秀的管理者。

因为约翰不但是公司的管理者，还是公司的老板，所以他才对一切患得患失，导致总是无法放手。实际上，面对员工的需求，管理者最重要的不是满足他们，完全代劳他们解决问题，而是能够与他们精诚合作，从而引导员工主动解决问题。就像在数学题上有举一反三一样，在工作过程中，管理者也要学会教给员工正确的方法，从而才能让员工成为工作的主体，更加积极主动。

不管是作为管理者也好，还是作为老板也好，唯有摆正心态，像父母对待年幼的孩子一样勇于放手，信任员工，才能渐渐地把工作分担出去。实际上，管理者的职位，并不意味着管理者无所不能，当员工遇到问题求助于管理者时，管理者也很有可能束手无策。在这种情况下，管理者和员工要精诚团结，目标一致，从而整合所有的资源，最大限度把问题解决好。高情商的管理者不会把自己看成是无所不能的神，而是知道自己也是肉体凡胎，也有力所不能及的时候。唯有坦然面对这一切，唯有学会借力，才能让管理者拥有更强大的力量。

3.营造良好工作氛围，调动员工积极性

作为一位管理者，你每天早晨精神抖擞地走入办公室的第一件事是做什么呢？你是一只手拎着鼓鼓囊囊的公文包，一只手端着一杯咖啡，直接目不斜视地冲到办公桌前埋头坐下吗？毫无疑问，如果你是一位高情商的管理者，你绝不会这么做。大多数高情商的管理者不会白白浪费早晨与员工见面的好时机，他会满面笑容地与员工打招呼，或者与员工点头示意，或者与员工握手，或者环顾四周礼貌地问候办公室里每一个人。

如果有助理或者秘书，高情商的管理者还会花费一两分钟的时间与他们进行简单的交谈，或者问候他们的家人是否安好，或者问候他们最近觉得工作怎么样。这样一来，管理者才能怀着愉悦的心情开始一天的工作，也为自己与员工之间的关系奠定良好的基础。不得不说，管理者与员工之间的关系，也是人际关系的一种。哪怕管理者身居高位，同样需要与员工搞好关系，才能让一切都水到渠成地解决。这就是无处不在的人际交往。

职场上，很多管理者都忽略了和员工打招呼这件事情。试想，我们因为和家人朝夕相处，所以在看到家人的时候总是一声不吭，那该多么别扭啊。沉闷的家庭氛围，一定让我们想要疯掉。所以作为管理者，哪怕面对的不是新同事，而

是朝夕相伴的老同事，也要一如既往地打招呼。在很多保险公司里，保险代理人都是不需要坐班的。然而，保险公司却规定保险代理人每天必须到公司报道，开个晨会，然后再四散开去，各自奔忙。在早晨，每个人都精神抖擞地与他人打招呼，然后再开一个激情澎湃的晨会，如果有人第一次拥有这样的早晨，一定会觉得非常振奋。所以明智的管理者不会任由自己的员工如同一盘散沙，他们宁愿自己主动向每一位员工问好，也要增强团队成员之间的凝聚力，调动起公司活跃而且充满活力的气氛。

在自然界，很多动物或者植物都有变色的本领，目的是让自己完全融入环境之中，从而保护自己。在人类社会，人同样要与周围的环境相适应。很多职场经验丰富的人会发现，工作的氛围非常重要。举例而言，在一间办公室里，如果大多数人都在努力工作，那么仅有的一两个偷懒的人也就不好意思继续偷懒，而是让自己尽量符合周围的气氛。相反，如果办公室里所有人都在聊天，那么唯一努力工作的人也会很快放下手里的工作，从众心理使得他们更愿意自我放纵，与其他人融为一体，不要破坏办公室里悠闲惬意的气氛。所以高情商的管理者除了通过严格的规章制度来管理员工之外，也会刻意营造良好的工作氛围，从而使得认真工作成为水到渠成的事情。

作为销售部门的主管之一，曹伟一直以来都为如何调动销售人员的积极性感到烦恼。有段时间，曹伟聘用了一位中年女士宋姐，本来曹伟还担心宋姐会受到家庭的拖累，无法认真专心地工作，后来发现宋姐对待工作非常认真。因为家里有孩子，宋姐不能每天工作到晚上八点，必须五点钟就下班回家照顾孩子。虽然比别人少工作了三个小时，但是宋姐的工作效率却很高。每天白天的工作时间里，很多年轻的销售员都是边工作边闲聊，聊着聊着就从早晨到了吃午饭的时候，聊着聊着又从午休后到了晚上下班的时间。宋姐与他们完全不同。每天早晨只要到了办公室，宋姐就如同拧紧了发条的闹钟，一刻也不停地运转着。她不是给客户打电话介绍公司的产品，就是在各大网站上发帖子寻找新客户。有的时候，实在没有事情可干，宋姐就给很多老客户打电话进行沟通。就这样，一个月下来，宋姐作为新人居然顺利签约好几单。而那些所谓的老人，反而因为消极怠工，业绩非常差。

这样一来，每次开部门会议的时候，曹伟就有话可说了。他几乎每次开会都把宋姐挂在嘴边，不停地说："你们看看宋姐，家里有两个孩子需要照顾，每天五点就得下班，但是业绩却做得比谁都好。作为无牵无挂的年轻人，正是干事业的好时候，你们不觉得惭愧吗？"渐渐地，等到宋姐再打电话联系客户的时候，大家也都不好意思说说笑笑了。在宋姐这只领头羊的带领下，他们越来越努力，越来越勤奋，到了第二个月，部门的业绩居然提高了20%。曹伟非常高兴，还特意买了一束花，在开会的时候送给宋姐。曹伟很清楚，宋姐对于部门的贡献绝不在于她自己做的那么多业绩，更在于她为整个部门营造了良好的工作氛围，也成功调动起每个人的积极性。

工作是需要氛围的，每个人都很容易受到身边人的影响。尤其是在销售部门，如果有几个懒汉每天都在闲聊，那么必然导致更多的人加入闲聊之中。而如果有那么一两只领头羊，能够给整个部门营造良好的工作氛围，从而也成为标杆影响到身边其他的人，那么整个部门的工作风貌都会渐渐改变，变得焕然一新。事例中的曹伟作为管理者，无疑非常聪明。他很清楚宋姐对于整个部门的带动作用，所以作为管理者，他主动买了一束鲜花送给宋姐，作为奖励。这样一来，不但更容易调动员工工作的积极性，也会营造出更好的工作氛围，让大家都向宋姐看齐。

所谓近朱者赤，近墨者黑，这还仅仅是说个体与个体之间的影响作用。所谓工作氛围，就像是一个巨大的大染缸，可想而知影响作用必然更大。高情商的管理者一定明白工作氛围的重要性，也因而能够主动营造积极的工作氛围，从而给予员工们正向的力量。当然，除了营造积极主动的工作氛围外，也要营造快乐的工作氛围。这样一来，员工在工作中也能够更加轻松，心情愉快，当然会在工作上效率倍增，事半功倍了。此外，管理者营造良好的工作氛围，与员工建立和谐融洽的关系，除了有利于提高工作效率，让工作卓有成效之外，在工作中遇到突发情况的时候，也更能够让整个团队齐心协力，解决问题。高情商的管理者知道，他们与员工之间的关系越好，就越容易使用建设性的方式处理工作中的突发情况，从而使得事情得到更加圆满的解决。

4. 树立共同目标，描绘共同愿景

古今中外，有很多卓越的领导者总是具有超强的个人魅力，他们振臂一呼，就能应者云集。这除了与他们的能力和个人魅力息息相关之外，也与他们的领导才能密不可分。在秦朝时期，从陈胜、吴广揭竿起义开始，那些受苦受累、忍受苛捐暴政的人们就开始不顾一切地反抗秦朝的残酷统治。而陈胜、吴广原本也只是普通的劳工，为何具有如此强大的号召力呢？究其原因，就是因为他们为人们描绘了共同的愿景，那就是推翻秦朝的残酷统治，让老百姓过上幸福安乐的日子。这样的情形，对于长期被秦朝政治欺压的百姓而言，想一想就无限向往，就心动不已。所以，陈胜、吴广的号召让他们心潮澎湃，也知道既然无论如何都是一死，不如殊死一搏，也许会有好的结果出现。

作为高情商的管理者，要想成为卓有成效的管理者，就要树立与员工的共同目标，而且要把共同的愿景以形象生动的语言描绘出来，从而使员工意识到未来有多么美好，完全是值得他们去努力争取和奋斗拼搏的。此外，要想感召他人，领导者还要对美丽的愿景充满感情。领导者的感情越充沛，就越容易感动他人，也越能够激励他人。古今中外无数领导人的经历告诉我们，一个温和的领导者总是平静理智，也根本无法点燃他人心中的火焰。唯有领导者自身具有狂野的热情，才能容易感染他人，让他人也义无反顾投身于伟大的事业之中，绝不畏缩和胆怯。

也许有的管理者会说自己只负责管理几个人，无须那么激情澎湃，只要把命令传达到位即可。其实，这种想法完全是错误的。作为一个领导者，不管需要感化的是一个人，还是一群人，都要具备同样的热情。领导者必须满怀激情地描述与员工的共同理想，而且要尽量具体生动地描绘愿景，使得每个人头脑中都展示出生动的形象。唯有如此，领导者才能使他人失去理智，激情澎湃。而点燃员工激情的，恰恰是员工心中对于领导者描绘愿景的无限渴望。

除此之外，卓有成效的领导者还会让员工感受到工作的重要意义，从而使员工心中升腾起伟大的情感。唯有如此，员工才能激情澎湃地对待，才能无怨无悔地追随领导者，因为他们在领导者身上看到了愿景实现的希望，也坚定不移地相信领导者所描绘的一切有朝一日终会变成现实。

作为残疾人公司的副总裁，南希总是告诉每一位员工："你应该清楚自己的人生该是怎样的，这样你才能找到自己所要的生活。你唯有目标明确，才能在人生的道路上一往无前。"南希本人对待工作总是充满热情，而且她也能够点燃

部门里每个员工心中的火焰。曾经，南希率领部门的所有人连续九年都超额完成工作任务。但是在第十年的时候，南希却被告知她的团队有可能无法完成当年的指标。南希感到形势很严峻，当即开始想办法和部门的所有员工一起渡过难关。她很清楚，要想激励大家最后奋力一搏，必须向他们描绘一幅愿景，这样他们才会愿意投身于其中，付出所有的努力只为让愿景成真。当即，南希足足用了四页纸来制定愿景，并且将其张贴到部门里每个员工都能看到的地方。

从此之后，不管是召开部门会议，还是与员工私下交流，还是在部门的娱乐活动中，她都抓住一切机会不断强调部门的工作目标，向所有人描绘愿景。最终，部门里的每个人都把目标铭记于心，也似乎一睁开眼睛就能看到愿景就在眼前。日复一日，南希绝不懈怠，就这样不断地努力着。在南希的号召和感召下，所有员工都集中力量，同心协力，最终连续第十年超额完成了工作指标。

如果没有南希的坚持，很难想象在已经被告知有可能无法完成当年工作指标的情况下，整个团队还能同仇敌忾、一鼓作气地超额完成指标。这一切，都是因为南希不仅仅是一位管理者，更是一位高情商的管理者，还是一位卓尔不群的领导者。所以她才能以共同目标激起员工的斗志，以共同愿景点燃员工心中的火焰，最终带领员工创造奇迹。

当然，很多管理者也希望实现自我价值。大多数人对于自我价值的理解都很狭隘，觉得必须获得成功，或者做出杰出的贡献。实际上广义的自我价值，指的是自信、自爱和自尊，每个人要想获得成功而又快乐的人生，必须具备自我价值的三要素。否则，离开了自我价值的三要素作为支撑，人生的理想也许会变成空想。此外，自信、自尊和自爱还是心理素质的基本核心。一个人只有具备基本的心理素质，才能让自己的心灵更加充实和丰富，也才会强大自己的内心，让自己成为真正的强者。每个新生儿从呱呱坠地就开始成长，在整个成长的过程中，他们凭着日积月累的人生经验而不断发展和成熟。虽然时间是最好的催熟剂，但是时间并非获得人生经验的重要条件。在某个特定的时刻，人对于人生中某件事情的感受和领悟是完全不同的，而这些感受和领悟都以人的信念系统作为基础，作为支撑。不同的人在相似的环境中成长，会拥有相似的人生经验，但是他们对于人生的感悟却因为各自的信念系统不同而大不相同。他们对事情的感受和体验截然不同，所以他们对于人生价值的理解也各不相同，而且他们的自我价值也表现得有高有低，截然不同。

对于管理者而言，要想以共同愿景点燃员工心中的斗志，首先自己要对工作充满激情，从而才能让自己对工作满怀热情。前文说过，管理者和领导者的不同在于，管理者是执行，领导者是造梦。所谓共同的愿景，实际上就是给每一位员工都造出了相同的梦。这样一来，每个员工都憧憬着美梦成真，他们当然会充满力量，也充满无限的憧憬和渴望。在员工拥有共同的梦想之后，领导者的工作就会变得容易一些。只需要时不时地给员工鼓劲打气，不停地向员工描述愿景，以防止他们心中的梦褪色，就可以了。所以高情商的管理者知道如何才能激起员工的斗志，也知道自己要如何做，才能以热情感染员工，让一切都变得水到渠成。

5. 营造信任氛围，与员工相互信任

一个高情商的管理者知道，管理绝不仅仅是唱独角戏，而是需要员工密切配合，需要整个团队不断努力，才能卓有成效。特别是在工作上的紧要或者危急关头，每个人都知道唯有整个团队齐心协力，再加上管理者以真知灼见坚持正确的方向，才能通往成功。在整个世界领域内，来自不同行业的领导者都证明了一个真理，那就是没有任何英雄能够拯救世界，一个人即使能力再强也注定孤掌难鸣，唯有融入团队之中，英雄才是英雄。

毫无疑问，现代社会已经没有孤胆英雄了，更不适应于孤胆英雄的存在。当管理者变得更加优秀和卓越，成为真正的领导者，他们也更知道团队的重要性，更不会轻视团队中的每一个人。他们知道，他们与团队里的每一个成员都是同舟共济的战友，也因此他们怀着彼此尊重的心态对待战友。实际上，战友的关系最可贵之处在于，面对生死的时候，他们是彼此最信任和最值得托付的人。虽然如今是和平年代，如果团队中的每个人都能彼此信任，那么就会拥有如同战友一样的深情厚谊。为了增强团队的凝聚力，领导者首先应该信任每一位员工。也许员工会犯错，也许员工会无法达到领导者的要求，但是这一切都不能改变他们与领导者相互依存和相互成就的关系。

唯有信任，才能团结协作。也唯有在不断合作的过程中，团队里的成员才能更加默契合作，更加彼此信任。由此可见，营造信任的氛围与推动团队成员之间的密切合作是相辅相成的。然而，现代社会信息传播速度很快，使得团队成员在工作过程中也不再墨守成规，他们拥有更多的选择来完成工作。所以作为高情商的领导者，也不要再过分约束团队成员，而是要给团队成员更多的空间自主选择完成工作的方式。也就是说，领导者对于管理工作的重心已经从管理转化为构建关系。

中国是个人情社会，很多时候人们总是觉得关系到了，什么事情都好说。实际上，职场上的关系错综复杂，作为领导者，唯有处理好各种关系，才能让工作开展更加顺利。虽然领导者在职位上比员工更高，但是领导者却无法强迫员工做任何事情。这样一来，领导者必然要通过与员工更好地相处，建设良好关系，才能让管理工作水到渠成，事半功倍。在这种情况下，一味地下达命令、颐指气使，是完全行不通的。

很多人际关系学家都知道，在语言表达中，"我们"是比"我"更受人欢迎的词语。因为我们意味着同一个阵营和战壕，我们意味着人与人之间的彼此信任和托付。也可以说，信任是人际关系的关键所在。如果没有信任，我们就不可能相信别人，更不可能得到别人的相信；如果没有信任，每个人都会成为一座孤岛，无法得到任何援助。尤其作为管理者，一定要首先信任员工，才能得到员工的信任，也要信任员工，才能与员工精诚合作，让工作事半功倍。

需要注意的是，信任不仅仅体现在我们内心的思想上，更要表现在看得见的行动上。当然，信任关系的构建并不是容易的事情，作为领导者，必须主动付出信任，让信任先行，甚至主动放弃控制，主动暴露自己的弱点，这样才能得到员工的信任。毋庸置疑，在管理工作中，信任对于方方面面的工作都有很大的好处，例如信任能够增加员工的满意度，也能提升与员工沟通的质量，还能提升员工对领导者影响力的认可度，甚至信任还有助于提升工作效率，让工作更加卓有成效。但是，不得不承认，对于领导者而言，信任先行是值得担忧的。实际上，当领导者首先单方面地向员工袒露自己，表现自己的信任，这无异于是在赌博。没有人知道员工是否会出卖领导者的信任，也没有人知道领导者付出信任之后是否能够得到同等的回报。然而，这样的信任必然为领导者博得巨大而又丰厚的回报。要知道，人与人之间信任是有感染力的，就像尊重一样。我们要想赢得他人的尊重，首先要尊重他人；我们要想赢得他人的信任，首先也要信任他人。同样的道理，不信任也具有感染力。当我们对他人表示出怀疑和警惕，他人也必然同样对待我们。记得曾经有位名人说：你希望得到他人怎样的对待，你就要首先怎样对待他人。所以高情商的领导者愿意进行这样的冒险，也相信自己的信任终究会有所回报。

作为某家公司的项目经理，皮特在组建海外产品研发团队时，当然不会是一帆风顺的。要知道，一个新的团队中，最缺乏的就是信任。尤其是团队的成员彼此陌生，各自有各自的想法，却又对他人一无所知，这导致每个人都如同警惕的小鹿一样，时刻耳听四路，眼观八方。而信任恰恰是团队发展的基础，可想而知皮特面临着多么艰难的局面。

为了表现出自己对项目中每个成员的信任，皮特在团队组建之初，曾经特意向每个人求助过。他知道，自己不能表现出高高在上的领导风范，而唯有低姿态，也表现出弱势，才能尽快让团队成员对他放松警惕和戒备。皮特告诉每一位成员："这是我第一次进行这样的项目，所以我毫无经验，我必须仰仗在座的每一位齐心协力，才能完成艰巨的任务。拜托了，大家！"说完，皮特还深深地鞠了一躬。看到皮特如此真诚，大家不由得都敞开心扉，交流了很多有用的信息。也因为皮特的求助，使得他们意识到自己也是团队中不可或缺的一员，所以他们对工作也表现出很大的热情。

皮特很聪明，他通过求助的方法赢得团队成员的信任，同时他也自暴短处，从而让团队成员感觉到他的弱势。实际上，哪怕领导者高高在上，也根本无法通过权势或者强迫的方法，获得员工的信任。如果有人固执己见，坚持认为你不值得信任，那么哪怕你是职位再高的领导者，都会无计可施。但是，对于大多数人而言，信任他人并不是危险的事情，所以人们并不排斥信任他人。只要领导者表现出足够的真诚和坦诚，相信还是能够赢得员工信任的。

除了以上种种表示信任的方式之外，领导者还可以通过关心他人表明信任。当员工意识到领导者的确设身处地在为他们着想，也为了维护他们的利益做出了巨大的努力，可想而知，员工必然深受感动，也会深深地信任领导者。总而言之，信任是人际交往的基础，高情商的领导者一定会想方设法与大多数员工建立信任关系，从而使工作进展顺利，效率倍增。

当然，所谓信任，是建立在领导者与员工、员工与员工之间顺畅沟通的基础之上的。尤其是对于职场新人而言，和其他的同事，包括老同事和新同事之间都是初次相识，因而更要抓住最初的磨合机会，彼此熟悉和了解。要知道，人与人之间的信任绝不是从天而降的，要在沟通的基础上渐渐建立信任。那么，有效沟通有哪些原则需要遵守呢？

（1）和谐融洽的气氛有助于双向沟通。

（2）人与人之间各不相同，一个人在不同的时间里完全不同，因而沟通要审时度势，顺应形势，而不要一成不变。

（3）一个人既不能控制也不能推动另一个人，每个人唯一的主宰就是自己，所以要给别人留下足够的空间。

（4）沟通的意义在于对方的回应，毕竟对于沟通而言效果才是最重要的。

（5）只有对方能决定他们是否明白你的心意或者已经表达清楚他们自己的意思。与其猜测，不如和对方认真沟通。

（6）如果可以面对面沟通，切勿借助于第三者之口。只要真诚，沟通就会有效果。

（7）两个人志同道合，沟通就会水到渠成。

（8）每件事情至少有三个有效的解决方案，一种方案行不通，就要马上变通。

6.分享，才能让利益最大化

不管是企业的老板还是管理者，如果目光短浅，一味地盯着短期的利益和效益，那么最终都会使公司的发展受到局限。古今中外，大凡在商战中能够获得伟大成就的人，无一不是善于分享的人。作为老板，他们能够给员工一定的利益，甚至让每一位员工都成为企业的主人；作为管理者，他们也愿意为员工谋取福利，而不是始终盯着自己的利益。对于一家企业或者一个团队而言，唯有与员工分享利益，才能实现可持续发展，才能让公司和每一位员工一起成长，发展壮大起来。

曾经有企业管理专家进行过调查，最终证实如果作为企业的管理者想要占据至少百分之八十以上的利润，或者是占据企业百分之百的利润，那么也许他们看起来短期内会迅速积累很多财富，但是随着时间的流逝，他们得到的必然越来越少，这是因为员工因为没有得到利益的分享，所以必然不会对企业继续保持忠心，也就导致管理者收益日渐减少。眼光长远的管理者，宁愿把自己的利益与员工分享，也知道必须保证长期持久的利益。否则，绝不是管理者炒员工的鱿鱼，而是员工撂挑子，把管理者抛弃了。

现代职场，要想打造一个优质团队，必须有各方面的人才。正如有位伟人所说，科学技术就是生产力，对于企业而言，具体地说，优质的人才就是生产力。唯有团队中的每个人都齐心协力，全力以赴地投入工作之中，整个团队才会高效运转，也才能创造成就。所以哪怕只是一家小公司，只要抓住员工的心，能够让每个员工都以公司为家，都像为了孩子一样竭尽全力地为了公司付出和奉献，那么这家公司的发展就指日可待。相反，就算是一家规模很大的公司，一旦员工大规模辞职，与管理者离心离德，那么日久天长，也必然导致员工工作效率低下，公司发展缓慢，如此一来，公司发展前景当然堪忧。

卓越的管理者把员工视为公司最重要的资源和财富，因为从不认为与员工分享利益是额外的付出，相反，他们认为员工是公司的合伙人，是公司不可或缺的一部分，而把员工得到利益和自己得到利益看得同样理所当然。所以他们总会主动与员工分享利益，也以此调动员工的积极性，让员工竭尽所能创造更多的财富。在福利方面，他们也尽量为员工创造良好的工作环境，给予员工人性化的待遇，而不是像周扒皮一样每天只想着从员工身上节俭和克扣。记住，公司不能是"铁打的营盘流水的兵"，如果公司始终留不住人才，那么就会沦落为一个人才培训机构，为了培训人才付出很多，但是一旦等到新员工翅膀硬了，他们就会寻求更好的发展。对于任何一家公司而言，这岂不是都很悲哀吗？

作为全球知名的企业，星巴克一直非常注重与员工分享利益。在2011年的工作安排中，星巴克计划与6700位英国员工分享公司的股份，这些股份高达上百万英镑。公司把这些股份定名为"豆股份"，这其中一半的股份将在2011年底发放到员工手中，剩下的一半股份，将平均分成两次，在2012年和2013年发放。这极大地简化了星巴克与员工分享利益的形式，在此之前，星巴克与员工分享股份的形式非常复杂和烦琐，也在一定程度上限制了员工分享公司的利益。

2007年，星巴克的创始人舒尔茨重新接管星巴克。此后三年，公司位于美国的店铺大概倒闭了一千家。幸好舒尔茨竭尽所能挽救公司的命运，最终让星巴克的股份恢复上涨。舒尔茨在重新接管公司之后始终坚信一条，那就是唯有切实保障员工的利益，才能保障股东的利益。为此，他犀利地发现星巴克的员工缺少敬业的灵魂，也由此出台了一系列的奖励和分享利益的措施。这样一来，更多在星巴克店铺工作的一线员工，就有了更多机会与公司分享利益，对工作的前景也

充满了希望。

　　从本质上看，对于任何一家企业而言，企业、员工与顾客，都是相互依存、相辅相成且缺一不可的。人们常说顾客是企业的上帝，其实员工虽然不是企业的上帝，但却是企业不可或缺的发展基础，也是企业存在的必需。企业需要员工的努力付出才能得到发展，如果管理者只着眼于眼前的短小利益，不为企业的长远发展考虑，也不与员工分享利益，那么就无法成功激发员工的积极性，更无法促使员工做出杰出的贡献，当然，由此一来团队也不可能有出色的表现和成就。毫无疑问，任何管理者都不愿意看到员工和团队双输的情况出现。那么作为管理者，就要摆正心态，端正态度，把员工作为自己最亲密的战友、最不可或缺的合作伙伴。

　　举世闻名的零售业巨头沃尔玛，成功的经验之一就是与员工分享。实际上，古今中外很多在商海中获得成功的人，都是乐于分享也善于分享的人。那么作为现代职场的管理者，千万不要一味地对员工发号施令，而是要学会为员工谋取利益，也要学会把利益分享给员工，才能得到员工的忠心拥护，也才能使企业和公司得到更长远的发展。

　　特别需要注意的是，有些老板或者管理者，在企业遇到困难的时候，就承诺给予全体员工或者是某个重要员工以利益，但是一旦渡过难关，他们就会食言，不愿意兑现承诺。这种情况下，员工一旦对管理者失去信任，就再也不会轻易为企业毫无保留地倾力付出。可想而知，虽然管理者也许因为一次食言，为公司少付出一些，但是长此以往，公司的损失必然是惨重的，绝对是得不偿失。所以不管是老板还是管理者，都要目光长远，才能谋求更大的利益。

7. 谦虚低调，三人行必有我师

作为一名管理者，哪怕在各个方面都做得很好，如果总是对员工颐指气使，恨不得一天向员工下达若干次命令，那么日久天长，也必然招致员工抱怨和怨恨，甚至导致自己之前在管理中所做的一切努力都功亏一篑。所以作为管理者，千万不要把自己看得高出员工多少来，唯有保持谦虚低调，与员工精诚合作，甚至必要的时候主动向员工请教，才能让工作进展更加顺利。

作为管理者，职位其实比较尴尬。如果管理者同时也是公司里职位最高的人，是公司的老板，那么还好些，毕竟凡事都可以自主决定。不过有些管理者只是管理者，或者哪怕拥有公司的股份，也无法做到完全决定公司的一切。在这种情况下，管理者迟早有一天会体会到被残酷的现实和自己的伟大理想夹在中间的尴尬，也会尝到被下面的员工和上面的老板夹在中间的痛苦滋味。面对如此处境，管理者受夹板气是必然的。管理者必须及早意识到，任何员工都不可能那么优秀，甚至达到十全十美、无可挑剔的程度。所以说，管理者哪怕已经具备了成为优秀管理者的潜质，哪怕已经掌握了当好管理者的百般武艺和技巧，也未必能够成为完美的管理者。任何经验都是需要在特定的时机下才是合适的，更何况管理者面对的是形形色色的员工，更不可能把工作做得面面俱到。

很多管理者总是高高在上，总觉得自己各方面都比员工强，实际上，金无足赤，人无完人，而且尺有所短，寸有所长。哪怕员工在职位上不如管理者高，但是这并不意味着员工在各个方面都不如管理者。很多管理者也许擅长管理，对于专业知识却所知甚少，这种情况下他们就要依靠专业员工为自己普及专业知识，这对于他们开展管理工作是很有帮助的。也许有些管理者会觉得向员工请教是很丢人的事情，实际上，这在现代社会术业有专攻的行业背景下，完全是正常现象。所谓：三人行，必有我师。管理者唯有摆正心态，才能更好地请教员工。需要注意的是，管理者向具有专业知识的员工请教，除了使自己懂得专业知识之外，还能以谦虚的姿态赢得员工的尊重和认可。和大多数管理者所担心的不同，员工不会因为管理者不耻下问就瞧不起管理者，而是会亲身感受到管理者的平易近人，也会对管理者更加认可和钦佩。这样一来，员工也会更亲近管理者，信任管理者，与管理者形成良好的关系，这岂不是一举两得吗？

管理者向员工请教，还能帮助管理者圆满解决在工作过程中与员工形成的冲突和矛盾。否则，哪怕管理者职位更高，如果与员工针对某个问题不停地争执，那么只怕谁也说服不了谁，还会导致彼此之间的关系紧张恶劣。在这种情况下，高情商的管理者会以询问的方式征询员工的意见，在管理者先摆出高姿态——温和谦逊之后，员工作为下属，必然也不会咄咄逼人，让管理者下不来台。这就是高情商管理者的魅力，他们能把原本复杂的事情变得简单，也会把尖锐的矛盾冲突消散于无形。战场上有兵不血刃降服敌人的传奇，职场上也有不费口舌就让员工心服口服的传说。

戴夫第四次创业时成立的公司非常有发展前景，因而很多风险投资者都特意登门拜访，来向戴夫寻求合作的机会。大名鼎鼎的《纽约时报》也特意来采访戴夫，并且将戴夫作为《纽约时报》的封面人物。就连哈佛商学院，也因为被戴夫的经营和管理才华折服，所以把戴夫公司的两个成功案例都收录教材对学生们展开教学。其他的那些小媒体，更是称呼戴夫为商界奇才，戴夫为此变得飘飘然。他越来越自负，觉得自己是神一样的存在。从此之后，他再也听不进去他人的劝说，总是觉得自己的所有决定都是正确的，是不可取代的。毫无疑问，戴夫自我膨胀了。

2009 年，金融危机席卷全求，几乎所有的企业一夜之间都陷入困境之中。此时，戴夫的公司更加举步维艰，因为它不但陷入了金融危机导致的困境中，而且还因为戴夫的自负导致它身陷双重困境。无奈之下，董事局只好辞退戴夫，并且明确告诉戴夫：正是骄傲自大，导致了他今日的失败。幸运的是，戴夫从此之后恢复清醒，也彻底摆脱了狂妄自大。他开始展开行动，努力改变自己。可想而知，意识到自身严重问题的戴夫，渐渐回到了正轨。

没有人喜欢狂妄自大的人，尤其是这份狂妄自大给每个人的生活和工作都带来极大困扰的时候。戴夫因为能力而获得成功，却因为得到过分的褒奖，变得自傲，这一切使他又摔了个大跟头。幸运的是，戴夫还算能够理智思考问题，也能主动展开自我反思。正是因为如此，他才在失败之中改变自己，再次勇敢地站起来。相信一旦吃过狂妄自大的苦头，他就不会再犯同样的错误和毛病了。

对于任何人而言，谦逊低调都很有必要。这个世界上，每个人都是肉体凡胎，凡夫俗子，根本没有人能够真正无所不能。所以作为管理者，一定要及时反思自己，而不要让自己在自高自大的路上走得太远。尤其是在与员工相处的时候，不要为了所谓的面子问题，就不愿意向员工请教。实际上，不耻下问正是管理者最优秀的品质之一。

一名优秀且卓越的管理者，总是保持人性化，从不忌惮承认自己生命中的不足之处。他们也保持谦逊的勇气，没错，谦虚就是一种勇气。很多时候，普通而又平凡的人哪怕意识到自己的错误，也因为自尊心而不愿意承认，而作为管理者，则更要鼓足勇气，承认自己的不足，从而不耻下问，奋勇向前。

8．亲自参与活动，和员工打成一片

对于管理者而言，与员工的关系其实就是人际关系。所谓的管理工作，在把人际关系做到极致之后，也就水到渠成了。作为管理者，首先要做的就是接纳员工，这就像人在暴怒之下并不奢望得到实际的帮助，而是迫不及待想要得到他人的认可和理解一样，员工也同样需要一位赏识和接纳自己的管理者。当管理者表现出对员工的宽容和理解，以及大度地接纳员工，员工就会忠心耿耿地追随管理者，也加入管理者的团队进行各种开创性的工作。这样一来，管理工作还有什么需要做的吗？只需要颁布规章制度、维系与员工良好的人际关系即可。很多管理者在认识到管理工作的本质之后，在工作上才不会那么被动，也才会表现出更加积极主动的姿态。

现代职场讲究人性化管理，因而各个公司和企业在提高工作效率、创造收益的同时，也会抓住各种机会举办各种各样的活动，目的在于增强员工之间的亲密关系，也增强团队的凝聚力。对于这样的活动，有的员工觉得别开生面，而有的员工则觉得兴致索然。甚至有的员工认为，与其举行这些无聊的活动，还不如放假让大家回家休息一天呢！显而易见，这样的员工完全没有理解举办活动的深刻含义。所以作为管理者，最重要的是要以身作则，起到榜样示范的作用，从而把整个活动不断推进，也使得活动起到预期的效果。

有些管理者不愿意与员工过于亲近，担心自己在员工心目中失去威望。其实这完全是多虑了，只要把握好适当的尺度，不要在员工面前失态，管理者与员工亲密接触，反而能提高员工对管理者的认可度和忠诚度。这样想来，管理者完全没有理由刻意疏远员工，也不必把员工推开。其实在诸多的活动中，管理者如果不参与，就会失去活动的意义。因为原本员工与员工之间日常工作中接触就比较多，而活动最重要的目的之一，就是提升管理者与员工之间的亲密度。从员工的角度而言，如果管理者都不参加那些活动，他们一定会觉得这样的活动毫无意义，所以才得不到管理者的重视。此外，有些员工看到管理者会感到有心理压力，因而不愿意亲近管理者。与他们恰恰相反，有些员工很愿意在各种非工作场合亲近管理者，从而把自己推荐给管理者。而形形色色的活动，恰恰给后一种员工提供了这样的机会。总而言之，管理者与员工应该是一体的，管理者应该帮助员工更好地接纳工作，也接纳管理者，这样良好的互动关系才会推动工作上更好的发展和成就。

需要注意的是，管理者在组织活动的时候，一定要把自己所宣扬的各种观点和态度，与活动完全统一。唯有如此，才能让员工感觉到他们是心口一致、言行一致的人。否则，如果一切都不相符，那么就会给员工造成错觉，甚至对管理者失去信任，这不但损害了管理者的信誉，也会导致接下来的工作进程受到影响。尤其是当需要在组织内部传递信息时，管理者最好亲自去做传递者。举例而言：如果传递不好的消息，那么管理者可以第一时间给员工们打气鼓劲，让员工们更加积极主动；如果传递好消息，那么管理者也可以第一时间和员工们一起欢呼雀跃，这无疑是最能够增强团队凝聚力的时刻。当管理者把"我们在一起，我们同欢乐共困苦"的感受传达给员工，那么员工当然更愿意拥护领导者，也会与领导者更加心心相连。

皮特在花旗银行工作，担任部门经理。当时，他负责分析小组，也负责统筹人力资源。要知道，对于跨国银行而言，这两项联系紧密的工作都是难度很大，而且工程浩大的。皮特的工作涉及全世界范围内大多数国家的十几万名员工。

如果不是因为对自己的团队充满信心，皮特绝不敢接受这样艰巨的任务。皮特对自己的团队非常满意，在每个月的小组例会上，他都会激情澎湃地认可和赞美他的团队成员。为了帮助团队成员增强信心，他还利用平日里闲暇的时间，甚至是吃饭的时间，与团队成员展开一对一的交流。即使团队成员偶尔发牢骚，皮特也会对他们的感受表示理解。有一次，一个团队成员过生日。皮特决定组织一次生日宴会，正好同事们也可以聚一聚，放松一下。然而当天，皮特的孩子突然生病发烧，考虑到自己如果不到场，整个生日宴会就会了无兴趣，皮特只得让妹妹先陪着妻子带孩子去医院，他自己则一直坚持到生日宴会结束，才离开。皮特惊喜地发现，在生日宴会上，每一个团队成员都显得更加放松，而且他们也愿意向皮特敞开心扉，甚至诉说自己在生活中的苦闷。虽然生日聚会只举办了几个小时，但是皮特觉得自己对于团队成员的了解，比以往任何时候都更加深刻，而他们之间的关系也变得空前亲密。

如果皮特不去参加生日聚会，那么哪怕前面的一切筹备工作都是他筹办的，整个生日聚会也就相当于失败了一半，会沦落为彻底的吃吃喝喝，而很难在团队成员之间形成超强的凝聚力。所以皮特在安排完孩子的事情后，还是如期参加了生日聚会，也与团队里的每个成员有了一次难忘的亲密接触经历。

总而言之，作为管理者，不管企业文化是怎样的，都必须亲身参与各种各样的活动，与员工在一起感受不同的情绪，这样才能使与员工之间的关系越来越亲密，也才能让管理工作水到渠成，最终成就自己，成为卓越的领导者。

9. 形成团队文化，坚持团队精神

每个管理者的心愿都是打造一支优质的团队，然而遗憾的是，现代职场上，有太多失败的团队都如同一盘散沙，彼此之间毫无凝聚力，这也使得整个团队的战斗力急速下降，甚至无法当成一个团队去战斗。那么，一群原本毫不相干的人聚集在一起，到底需要统一哪些方面呢？很多朋友都曾经爬山，一定知道爬山的时候必须集中所有的精神和体力，也需要全身的每一块肌肉都发挥作用，严密配合，才能最终攀登顶峰。这是因为人只有一个大脑，而人的一切言行举止都要受到这个大脑的指挥。我们不妨想一想那些双头的人。世界上的确有这样严重畸形的人，他们虽然有着同一个身体，却有两个脑袋。为此，两个脑袋几乎每天都在吵架，因为有一个脑袋想去爬山，而有一个脑袋想要宅在家里，享受悠闲惬意的假期，最终只得争执不休。由此不难看出，一个团队如果想要统一，首先要集权，管理者必须能够说了算。当然，这里所说的集权并非是专制，而是说一个团队中必须有首脑人物。每个团队成员当然都可以民主地发表意见，表达态度，但是却要求同存异，以取得和谐统一。很多时候，哪怕管理者考虑得再周到，如果团队成员之间没有统一的团队文化和精神，也依然会使有些人感到不满意。所以，形成团队文化，坚持团队精神，就显得至关重要。

既然是团队，那么在团队之中，每个人都要放弃小我，服从于团队的大我，也就是我们。要知道，每个人都是团队的脑细胞，唯有服从大脑的指挥，才能使整个团队保持大方向的一致。当然，团队之中也允许存在不同，只不过这些不同不能反客为主，更不能喧宾夺主。有了团队文化和团队精神，团队才能形成共同目标，也才能具有凝聚力。这对于团队力量的增强有很大的好处。

管理者尤其需要注意的是：很多管理者都会犯主观主义的错误，不知不觉就想要主宰整个团队，而完全忽略团队成员的心声。管理者必须知道，如果管理者的"我"在团队中占据绝对的权威和决定作用，那么最终伴随着管理者的主观意识越来越强，这个团队也会渐渐地走向毁灭。所以管理者必须凝聚团队的力量，消除小我，融入大我，同时以团队文化和团队精神，把每一个团队成员都凝聚在一起，最终形成伟大的力量。

常言道，一根筷子被折断，十根筷子抱成团。唯有增强团队的凝聚力，把团队里的每个个体都捆绑在一起，目标一致，方向统一，力气也往一处使，才能最大限度发挥团队的力量。20 世纪 70 年代末，高盛拥有很多的金融奇才和金融专家，甚至还有世界顶尖的金融天才。但是时任高盛管理者的怀特黑德始终强调："这里只有'我们'，没有'我'。"渐渐地，高盛形成了团队精神，这也使得高盛能够把每一位独具个性的人才整合起来，发挥更加强大的力量。

那么，到底什么才是团队精神呢？这是作为管理者必须深刻认知的，否则在工作过程中就无法形成这样优秀的理念。首先，团队精神要以目标为导向。当团队中的每个人都南辕北辙时，毫无疑问根本不可能形成团队精神。所谓的目标导向，也就是必须用共同目标把每个团队队员都拧成一股绳，这样才能发挥团队一加一大于二之后最大的力量。其次，团队内部要有凝聚力。任何团队如果没有凝聚力，就会如同一盘散沙一样，而且没有任何力量可言，更做不成任何事情。虽然行政指令能够让团队成员整齐划一，但是这与真正的凝聚力是完全不同的。拥有凝聚力，整个团队才能发自内心地凝聚在一起，而不是在外力的强制下勉强在一起。再次，要想形成团队精神，必须拥有健全的激励机制。毋庸置疑，人的自制力是有限的，所以在对团队成员激励时，除了物质上的激励之外，也要更加注重精神上的激励作用，这样才能效果显著。最后一点，形成团队精神，并不意味着管理者从此之后形同虚设。团队精神的一个重要表现就是强大的控制力。这个世界上根本没有绝对的自由，在团队内部如果想要形成强有力的精神，作为核心人物的管理者必须能够控制团队成员的个体行为。只有以此为前提，才能协调合体行为，从而形成团队行为。当然，这种控制力并非靠板着面孔或者是虚张声势就能形成的，而要靠控制员工的意志和情绪去实现。和强制实施的控制相比，意识和情绪方面的控制效果更好，也更长远。

从本质上而言，团队文化是团队中各种观点的融合统一，而团队精神对于团队而言就像是人的灵魂。一个有精神的团队和没有精神的团队是截然不同的，没有精神的团队如同行尸走肉，不但工作上表现平平，而且也没有任何发展的前景。而有精神的团队，就像是精神抖擞的人，不管做什么都雷厉风行，卓有成效。作为团队管理者，你做好准备迎接挑战了吗？

第六章

真诚用心，高情商管理者与员工关系融洽

　　高情商的管理者自然具备影响力，而影响力又能帮助管理者成为卓有成效的领导者。所以作为管理者，一定要具备高情商，才能让管理工作水到渠成，也才能距离自己梦寐以求的成功越来越近。实际上，情商并非完全取决于先天，经过后天的努力，管理者也可以不断提高自身的情商，从而让自己在工作中更加游刃有余。

1. 打好感情牌，与员工交往水到渠成

人是感情动物，不管是生活还是工作，实际上都离不开感情的沟通和辅助作用。从本质上来说，管理者的工作实际上就是与员工进行沟通，所以一个优秀的管理者首先是一个善于沟通的人，也是一个能够真诚关心员工的人。他们的目的是激发出员工所有的工作热情，让员工在工作上倾尽全力，表现卓越，而不只是让员工对工作尽心尽责，否则员工的工作就会变得很平庸，毫无独特之处。

从本质上而言，管理者最基本的工作就是与员工沟通，以语言为桥梁，加深与员工之间的感情。现代职场上，大多数管理者本身并不从事实质性的工作，而是通过管理员工，让每个员工在工作上都卓有成效，从而取得优秀的团队业绩。在这种情况下，管理者最重要的工作任务自然变成了激励员工，引导和启发员工，指导员工。要想最终让每个员工在工作上都卓有成效，管理者只是合理安排工作是远远不够的，还要多多与员工交流，认真倾听员工的心声，营造和谐的工作氛围，最终才能把整个团队打造成高效率的优质团队。

很多管理者面对员工的时候总是有一种高高在上的感觉，觉得自己作为管理者，就要唯我独尊，就要对员工颐指气使。有的时候员工一不小心犯了错误，他们也会马上厉声呵斥，而且丝毫不懂得控制自身的情绪和压制自己的怒火。不得不说，这样的管理者必然无法做出高效的成绩，因为他们情商低，也根本不懂得如何与员工相处。作为管理者必须记住，领导不等于压制，人们常常形容教育艺术高超的老师诲人于无形，实际上真正优秀的管理者是说服人于无形。既然管理

者需要借助于员工完成工作任务，那么就要注意与员工顺畅沟通，并且利用自身的感情优势影响员工，从而让员工心甘情愿听从自己的安排，这样的管理者才是真正高明的管理者。

　　作为管理者，工作过程中不应该过多地依靠权势压制员工，更不要搞集权制，武断专横地对待员工。唯有更大限度发挥自身的人格魅力，让员工心服口服，管理工作才会水到渠成。从这个角度而言，管理者应该坚持提升自己的智商，与员工斗智斗勇，更要提高自己的情商，让管理工作水到渠成。

　　作为一家公司的部门经理，刘丹总是忍不住要和下属发火。虽然刘丹清楚自己不能以权势压制下属，也知道自己不能总是发泄情绪，丝毫不顾及下属的感受，但是她就是忍不住。她总是以暴脾气自居，但是那些被她情绪的烈焰灼伤的员工并不能因此就谅解她，而是从此之后离她远远的，尽量不和她打交道。有些下属因为受不了刘丹的坏脾气，觉得自尊心被伤害得遍体鳞伤，因而选择了调动，转去其他部门工作。

　　眼看着部门里的人越来越少，而且老下属几乎都走光了，刘丹不由得着急起来。为此，她特意去看心理医生，在听完刘丹的讲述后，心理医生问："你敢对上司发火吗？"刘丹摇摇头，说："我还没到自己炒自己鱿鱼的地步呢！"心理医生一语中的："其实你不是脾气不好，你只是习惯了居高临下对待下属。如果你面对上司能控制住情绪，那么你面对下属也同样能做到这一点。你唯一需要做的是，面对下属的时候要端正心态，不要高高在上。"刘丹仔细想想，觉得心理医生的话也很有道理。从此之后，每当要发火时，她就提醒自己注意尊重下属，公平对待下属。渐渐地，她终于能够控制自己了，部门里的工作情况也越来越好。后来，刘丹还学着和下属做朋友，下属们也都与刘丹越来越亲近，对刘丹也更加

真诚和忠诚。

在工作的过程中，每当遇到困难时，我们总是习惯性地求助于管理者，从而让管理者为我们指点迷津，也帮助我们想办法解决难题。在这种情况下，如果我们非但没有得到管理者的理解和体谅，反而被管理者大声训斥一顿，那么我们心里会怎么想呢？毫无疑问，我们会觉得万分沮丧，即使是因为犯错才导致被训斥，也会觉得万分委屈，甚至原本的愧疚也消失得无影无踪了。作为管理者，必须意识到人都是情绪动物，哪怕是员工，在工作中也难免会带上自身的情绪。最重要的就是帮助员工平复情绪，而不是发脾气。

高情商的管理者还具有一种特殊的能力，那就是协调团队内部两个敌对员工或者小团队之间的关系，同时也协调团队成员与团队整体利益之间的关系。如此一来，高情商的管理者才能最大限度地运筹帷幄，把整个团队都凝聚在自己身边，做出卓越的成就。

2. 换位思考，设身处地为员工着想

每一个管理者都想让下属亲附自己，然而，得到下属的忠心拥护和爱戴并非说说这么简单。毕竟，下属是完全独立的个体，有自己的所思所想，也有自己的意见和观点。就算是彼此相爱的夫妻在最初组建家庭，在同一个屋檐下生活的时候，也会经常发生矛盾和冲突，更何况是管理者和员工之间呢？可想而知，管理者要想赢得下属的心，有多么困难。实际上，管理者要想让下属亲附于自己，最重要的就是与下属拥有共同的感情基础，从而与下属形成共情，形成感情共鸣。那么，如何才能做到这一点呢？其实很简单，就是掌握换位思考、移情的技巧。

众所周知，人与人之间的尊重、理解和信任都是相互的。真正的管理者要想得到员工的理解和信任，自己首先会尊重和信任员工。唯有建立基本的人际关系，接下来管理者才能与员工换位思考，从而更理解员工的苦衷，也能够做到为员工着想。当然，要想做到这一点需要付出极大的努力，因为人是情感动物，每个人都难免从自身的角度出发考虑问题，从而导致带有主观性。管理者要想做到站在员工的角度考虑问题，首先要尽量剔除自身的主观因素，从而才能让换位思考水到渠成。也可以说，尽量以客观公正、设身处地为他人着想为前提条件。毕竟每个人情况不同，而唯有真正理解他人的苦衷，我们才能理解他人的选择和决定，也才能做到宽容他人，接纳他人。

很久以前，有一头猪、一头奶牛和一只绵羊住在同一个牲畜栏里。有一天，牧羊人准备把猪拖出去宰杀了吃肉，猪惊恐不已，发出撕心裂肺的哀嚎，不顾一切地反抗着，只希望能够继续留在猪圈里。正在睡觉的绵羊和奶牛被吵醒了，生气地批评猪："牧羊人经常把我们拖出圈，我们也没像你这样吓得魂飞魄散啊！"猪听了之后愤愤不平地说："牧羊人捉你们，只是剃光你们的毛，或者挤出你们的奶水，但是现在却是要我的命啊！"猪一语道破天机，奶牛和绵羊不由得都同情起猪。

春秋时期，齐国的管仲和鲍叔牙是好朋友。年轻时，管仲家境贫寒，还有老母亲需要赡养，为了帮助管仲，也为了保护管仲的自尊心，鲍叔牙没有直接给管仲钱，而是特意拿出钱来和管仲一起合伙做生意。鲍叔牙没有让管仲出生意的本钱，而是自己拿出所有的本钱。但是等到生意盈利了，鲍叔牙却把大多数利润都分给管仲，而自己只拿很少的一点。看到这一点，仆人愤愤不平地对鲍叔牙说："这个管仲真是贪财啊，做生意的时候他基本没拿本钱，如今盈利了，却拿走了大部分的利润。这对您根本不公平！"鲍叔牙听了之后淡然一笑，对仆人说："别这样说！管仲家里穷，还要赡养年迈的母亲，理所应当多给他一些利润的。"

后来，管仲和鲍叔牙一起参军，来到战场上冲锋陷阵。每次遇到危险的时刻，管仲总是贪生怕死地躲在战友们后面，战友们就说他："管仲真是胆小如鼠的鼠辈！"鲍叔牙立即为管仲辩解："管仲有老母亲需要赡养，不能死！"管仲得知这一切后，感慨地说："生我者父母，知我者鲍叔牙！"

后来，齐国的国君去世，公子诸继位之后昏庸无能。鲍叔牙预感到齐国即将大乱，因而带着公子小白逃往莒国避难。与此同时，管仲也陪同公子纠逃往鲁国避难。很快，齐国国君诸被人杀死，真的发生内乱，管仲为了让纠顺利即位，因而暗杀小白。但是暗杀失败，小白抢先回到齐国当上国君。小白原本封鲍叔牙当宰相，但是鲍叔牙却向小白推荐管仲："管仲比我更适合当宰相，他能力很强！"小白当然不愿意，说："他想杀我，怎么能让他当宰相呢？"鲍叔牙说："当时，我和管仲各为其主啊，他也是为了他的主人纠。"在鲍叔牙的极力举荐下，小白最终同意让管仲当宰相，管仲的确辅佐小白把齐国治理得越来越好。

对于鲍叔牙，管仲说："鲍叔牙和我做生意，体谅我贫穷，多分给我钱；我为鲍叔牙做事情，把事情搞砸了，他体谅我运气不好；我几次被国君辞退，鲍叔牙坚信我生不逢时，没有遇到赏识我的国君；我在战场上逃跑，鲍叔牙知道我要留着性命照顾老母亲；我辅佐纠即位失败，鲍叔牙在小白面前极力举荐我……生我者父母，知我者鲍叔牙！"

第一个事例告诉我们，立场不同的人，往往很难了解他人的感受，所以也不要对他人妄加评断。第二个事例流传千古，很多人都为管鲍之交感动不已。实际上，假如管理者也能像鲍叔牙对待管仲一样，设身处地为员工着想，那么相信最终一定能够激发出员工的潜力，让员工有所成就。时至今日，提起管鲍之交，人们不但赞美管仲有能力，而是更加赞美鲍叔牙对管仲的理解体谅和宽容。所以作为管理者，要像伯乐赏识千里马一样赏识员工，也要像鲍叔牙体谅管仲一样体谅员工。当做到这一点，相信管理者和员工的关系一定会更加亲密，而员工也会对管理者心服口服，忠心拥护。

管理者一定不要急于挑剔和苛责员工，而要首先怀着尊重的态度接纳员工，这样一来，员工才会因为被认可，而更加愿意亲附管理者。而且在员工遭遇困境时，管理者也不要急于否定员工，要相信员工是想把工作做好的，然后再设身处地为员工着想，帮助员工一起解决问题。这样一来，管理者与员工的感情才会更加深厚，也牢不可破。

3.“三明治”批评法效果显著

作为管理者，因为要负责管理多名员工的工作，因而难免会遇到对员工不满意的时候，偶尔还会情绪冲动，批评或者否定员工。实际上，管理的工作对象是人，这也就注定了管理的工作难度很大。因为人心原本就深不可测，再加上每个员工的脾气秉性都各不相同，而且职场上又纠缠着各种利益关系，这种情况下，管理者必然面临更大的工作难度。尤其是需要批评或者否定员工时，管理者更是进退两难，举步维艰。

毫无疑问，人的本性就是希望被认可和赞美，而不愿意听到否定和批评自己的话，员工也是如此。有的时候，管理者一句无心的否定或者挑剔，都会使得敏感型的员工感到闷闷不乐很久，甚至对自我产生怀疑，导致工作上也受到影响，效率低下。不得不说，原本管理者批评员工的目的是为了督促员工进步，而现在却导致员工非常郁闷，可以说是事与愿违。这一切都要求管理者必须掌握批评的艺术，既要照顾到员工的情绪和情感，也要达到批评的效果，还不能影响员工的工作。那么，在管理学界，到底有没有这样的一种批评方式，可以达到面面俱到的效果呢？当然有，那就是"三明治"批评法。

很多朋友都曾经吃过三明治，知道三明治就是两片三角形的面包，中间夹着鸡蛋、肉松、乳酪以及蔬菜等。实际上，"三明治"批评法真的非常形象，就像很多人不愿意吃特别苦涩的药，诸如黄连素等，因而人们就在黄连素外面包上一层糖衣。那么对于忠言逆耳的批评，何不也用赞美将其伪装，以使得人们更愿意接受它，不至于因为批评的犀利和尖刻产生情绪的巨大波动。明智的管理者，总是善于使用"三明治"批评法，从而让批评更乐意为人们所接受，也起到更好的效果。

作为美国的第三十届总统，柯立芝刚刚走马上任时，对于自己的女秘书非常不满意。这个女秘书是个新手，不但很年轻，而且非常漂亮，气质也很出众。但是她的工作能力和她出彩的外形条件完全不符，因为她看起来让人赏心悦目，但是真正在工作上，却总是出现各种各样低级的错误和问题。就连打印一份文件，她也是出现好几个错别字；或者在安排总统的日程时，她也会记错时间，导致柯立芝总统非常被动，甚至因此而在开会的时候迟到了。眼看着工作上因为女秘书的错误而频频遭遇障碍，柯立芝有些苦恼，但是他很清楚，如果再换一个新的女秘书，未必能把一切做好。思来想去，柯立芝也没想出好办法解决这个问题。有一天，柯立芝刚刚走进办公室，突然觉得眼前一亮。原来，女秘书这一天穿了一件非常漂亮的衣服，不但款式简洁大方，而且很凸显气质，色泽也很美丽。为此，柯立芝当即不吝啬自己的赞美，大力夸赞女秘书的衣服漂亮，就如同女秘书的人一样让人赏心悦目。女秘书得到总统这么高的评价，不由得受宠若惊，当即对总统连声感谢。借此机会，柯立芝笑着对女秘书说："我对你很有信心，虽然你现在刚刚开始工作有些不适应，但是我相信你很快就会把工作干得和人一样漂亮，魅力四射。"

说来简直神奇，从那一天开始，女秘书经手的文件再也没有任何错别字，而且她再也没有记错总统的日程安排。后来，得知此事的参议员们都纳闷地问柯立芝总统："这个办法真的就像灵丹妙药，具有魔力，你是如何想到的？"柯立芝总统笑着说："你们一定去理发店刮过胡须吧，那你们也应该知道，理发师在给客人刮胡须之前，会先在客人的脸上涂抹剃须膏。这样一来，刮胡须的时候客人就不会疼。我也只不过是赞美充当了润滑剂，掩盖了批评的真相而已。"

毫无疑问，柯立芝总统是一位情商很高的管理者。最奇妙的是，人有一种潜意识心理，那就是在得到他人的赞美之后，会尽量让自己的言行举止符合他人的赞美。实际上，柯立芝总统不但用赞美充当了润滑剂，而且也用赞美给了女秘书更高的定位，而女秘书接下来情不自禁地先让自己在工作上的表现符合总统的赞美，也真的与自己美丽的外表相得益彰。

为了让否定和批评显得不那么刺耳，高情商的管理者应该学会制作"批评三明治"，在赞美之后再批评员工，这样不但能够避免员工的自尊心和颜面受到伤害，也能让员工心甘情愿改正错误，提升和完善自己，可谓一举两得。当然，赞美也要适度，作为批评的糖衣，一旦赞美夸大其词，就会让员工感受到别样的意味。实际上，不管是赞美还是批评，都要根据员工的性格特点和敏感程度进行调整。常言道，响鼓不用重锤，对于那些非常敏感的员工，最好点到即止。对于那些资质愚钝、感觉迟钝的员工，管理者当然也可以把话说得更加明白透彻，从而保证良好的效果。

4. 微笑，是管理者最美丽的表情

作为管理者，一定要提升自己对于员工的影响力，这样才能成功影响员工，让工作事半功倍。而要发挥管理者的影响力，一味地严肃或者以权势强迫员工服从自己，是远远不够的。唯有让员工心甘情愿接受管理者的安排和管理，他们才能主动配合管理者的工作，也才能让管理工作事半功倍。

那么，到底有什么方法才能继续提高管理者的影响力，让管理者真正打开员工的心扉，走入员工的心里去呢？实际上，最简单的办法就挂在你的脸上，如果你此刻在微笑，那么你已经找到了通往员工内心的金钥匙。

在这个世界上，大多数国家之间不但语言不通，很多风俗习惯也是完全不同的。所以各个国家或者各个地区的人在相处的时候，无法顺利沟通。但是有一种语言是全世界通用的，而且每个人天生就会，根本无须学习，那就是微笑。不管走到世界的哪一个角落，微笑都代表着心底的善意和美好。所以即使面对语言不通、风俗不同的人，我们也依然可以以微笑表示自己的态度。作为管理者，在面对员工的时候，如果也能发自内心地微笑，自然能够事半功倍，也能够成功打开员工的心扉。

不得不说，生活中，如果一个人不懂得微笑的价值，那么无疑是可悲的。即使面对陌生人，微笑也能瞬间拉近我们与他人之间的距离。现代职场上，很多管理者为了表现自身的威严，总是不苟言笑，殊不知这对于提升威信非但没有好处，反而会拒人于千里外，导致与员工距离疏远。高情商的管理者知道，微笑能让无声胜似有声，也能拉近他们与员工之间的距离，使得员工对他们更信任、更亲近。所以高情商的管理者会把微笑作为自己的秘密武器，以此顺利展开工作，也使工作卓有成效。

琳达最近要去参加某家航空公司空姐的招聘，为此，她做足了准备，不但参加了礼仪培训，还学习了很多航空知识。当然，最让琳达充满信心的是，她的外形条件很好，不但身材窈窕，容貌俊美，而且她还掌握了好几门外语。所以琳达对于空姐这份工作志在必得，也觉得自己一定能够获胜。

终于，盼望已久的面试日子到来了。在面试的过程中，琳达表现出色，她全程都如同礼仪培训中再三强调的那样露出八颗牙齿，保持微笑。然而在面试的过程中，面试官时不时地就会转过身，完全背对着琳达。琳达很纳闷，不知道面试官的用意何在。不过，她依然按照预先准备的那样流利地回答问题，丝毫不敢懈怠。面试结束后没过多久，琳达就接到通知，原来她的面试成功通过了。而和琳达同去的艾米，虽然各方面比琳达更优秀，却没有通过。艾米不清楚原因，因而特意打电话问了面试官。面试官告诉艾米："我之所以不断地转过身，就是为了感受你们的微笑。僵硬的职业性微笑已经不足称道，我们要求每一位空乘的微笑都必须是发自内心的，是通过声音也能传递出来的。显而易见，你的微笑没有琳达的微笑更富有热情和感染力。"

曾经，很多服务性行业都要求从业人员必须面带职业性微笑。然而，随着时代的发展，职业性微笑也已经不能满足工作的需要。事例中，比琳达更优秀的艾米，就因为笑容没有感染力，完全僵硬化，所以导致失败，无法打动面试官。而琳达之所以成功，就是因为她的微笑极富感染力，哪怕面试官背对着她，也能感受到她声音中的笑容。由此可见，真正的微笑是绽放自心底的，而不仅仅是嘴角的牵动。真正的微笑不但挂在脸上，也透露在眼睛里，洋溢在声音中。曾经有人做过调查，发现微笑的确是可以通过声音传递的，所以很多电话销售也必须在与电话那一头的顾客沟通时面带微笑。

作为管理者，在与员工沟通的时候如果能够绽放微笑，让员工从他的眼睛里和声音中都感受到微笑，那么沟通的效果一定会大幅度提升，沟通的过程也会变得更顺畅，最重要的是管理者还可以借此加深与员工的感情，从而让彼此间的关系更亲近，也让工作展开更顺利。

一个高情商的管理者，哪怕只是给予员工一个会心的微笑，也会让员工心领神会，从而实现无声的沟通。很多在工作上卓有成效的人，都是非常善于微笑的人。曾经有一位全球顶级的推销员说，他的微笑价值百万。的确，从某种意义上而言，微笑是无价之宝，不但能够帮助人们瞬间拉近与陌生人的距离，打开他人的心扉，也能够帮助我们建立好人缘，从而帮助我们争取到更多获得财富和创造财富的机会。不管是在赞美他人时，还是在恳请他人帮忙时，抑或是在接受他人的帮助时，在向他们表达我们的真诚歉意时，微笑无一例外都能给我们加分。那么作为管理者，在向员工下达命令时，在与员工进行沟通时，甚至是在赞美或者批评员工时，微笑都能让员工感受到管理者的真诚和善意，从而更加信任管理者，也让管理工作事半功倍。

如果你是一名不善于微笑的管理者，那么从现在开始就抓住一切机会练习微笑吧。早晨洗漱的时候，你可以对着镜子微笑；每天对着电脑工作的时候，你也可以时不时地微笑。当微笑成为习惯，你会发现自己的心情也随着微笑变得越来越好，那么渐渐地，你会从僵硬地、有意识地微笑，变成自然地、无意识地微笑，不但你与员工的关系越来越好，你也会发现自己对于员工的影响力也越来越大！朋友们，还犹豫什么呢，就让微笑从这一刻开始吧！

5. 宽容大度，此时无声胜有声

对于每个人而言，宽容都是弥足珍贵的品质。宽容的人往往心怀宽广，所以哪怕受到小小的伤害，也能选择原谅他人，也不至于让自己一直耿耿于怀。从这个角度而言，宽容他人就是宽宥自己这句话非常有道理。尤其是对于管理者而言，宽容大度不但能够让自己在工作中少生气，而且也能成功收拢员工的心，让员工在接受管理者宽容的对待之后，更加亲附管理者，信任管理者，也更愿意忠心耿耿地追随管理者。所以高情商的管理者很愿意宽容对待员工，他们自身也因此而受益良多。

常言道，要想真正征服一个人，就要能够征服他的心，让他真正地心服口服。古人云，宰相肚里能撑船。毋庸置疑，管理者每天都要监督和带领员工工作，而每个员工的脾气秉性和能力水平都是不同的，这也导致管理者既可能遇到能力超群、把工作做得无可挑剔的员工，也有可能遇到性格怪异、把工作做得漏洞百出的员工。在这种情况下，管理者自然会因为员工能力不足而生气。但是必须意识到的是，气愤非但于事无补，反而会导致事情变得更加糟糕。所以明智的管理者哪怕对员工工作不满，也会控制自己的情绪，从而引导员工有效解决问题。有些情况下，如果不说话能起到此时无声胜有声的教育效果，那么就不说话。毕竟对于领导者的工作而言，效果才是最重要的。

有一次，美国大名鼎鼎的成功学家卡耐基先生临时得知第二天要参加一个演讲，因而赶在快下班之前让秘书莫莉给他准备演讲的材料。当时，距离下班只剩下半个小时了，为此莫莉急急忙忙准备好演讲材料后，就把材料放入卡耐基的公文包，然后自己下班了。次日，卡耐基先生来到演讲现场，面带笑容从公文包里取出演讲稿开始演讲。然而才读了几句，卡耐基就意识到台下发出爆笑声，他再看看自己的演讲材料，这才意识到自己的演讲材料文不对题，完全是错误的。出了大丑的卡耐基先生心中非常恼火，但是准备材料肯定来不及了，他也不可能就此下台，为此他只好硬着头皮开始发挥即兴演讲。为了给自己一个台阶下，他还幽默地说："女士们，先生们，看到大家都笑了，我正式演讲前的小幽默也就完全成功了。那么接下来，就让我们步入正题吧！"虽然是即兴演讲，不过卡耐基先生的演讲依然大获成功。

演讲结束后，卡耐基先生拎着公文包刚刚走进办公室，秘书莫莉就笑着问："卡耐基先生，您今天的演讲肯定又赢得了观众们热烈的掌声吧？"卡耐基点点头说："当然，一如既往地非常成功。""祝贺您啊！"莫莉真诚地说。"莫莉，你大概不知道，我今天的演讲题目是《怎样才能摆脱忧郁创造和谐》，但是等到我拿出演讲稿开始读时，听众们简直轰然大笑，因为我读的是一则关于如何让奶牛提高产量的新闻。"莫莉猛然想起自己下班之前看的就是这则新闻，不由得羞愧得满脸通红，她意识到自己的疏忽大意，导致卡耐基先生出丑了。莫莉喃喃低语："卡耐基先生，很抱歉，我昨天太粗心大意了，这一定让您很丢脸吧。""没有，你使我意识到原来我在即兴演讲方面颇具天赋呢，所以我得谢谢你呢！"虽然卡耐基一句批评的话都没说，但是从此以后，莫莉再也没有犯过同样的错误。

不得不说，卡耐基先生的确是大师，对于莫莉在工作上出现如此低级的错误，他非但没有严肃批评，反而润物无声，丝毫没有正面批评莫莉。但也正是因为如此，莫莉才对自己的错误认识更加深刻，也发自内心地认识到错误，这就是宽容的力量。

几乎每一位管理者在工作中都会遇到暴跳如雷的时刻，每当这时，高情商的管理者不会急于批评员工，而是先平静自己的情绪，让自己恢复和保持理智。其实，批评的效果与批评员工是否及时之间没有太必然的关系，管理者先平静三分钟，自斟酌语句，组织好语言，反而会让批评的效果更好。与此同时，管理者也能够让员工对自己形成向心性，从而赢得员工的忠心拥护和爱戴。否则，当员工犯错的时候，管理者当即就严肃批评员工，这样不但会因为情绪激动导致措辞不当，严重伤害员工的自尊心和面子，还会导致员工对于管理者离心离德，从而给未来的管理工作造成极大的障碍。所以高情商的管理者面对员工，总是宽容一些，也让自己与员工之间的关系更加和谐友好。

6. 赞美，是对员工最好的激励方式

很多管理者之所以在管理工作上始终处于出力不讨好的状态，主要是因为他们总是对员工过于苛刻，觉得员工不但达不到自己的要求，还总是给自己闯祸，导致自己在工作上处处被动。实际上，如果员工有能力，他们当然也愿意做到最好，这样他们就能做出成就，得到管理者的认可，也为自己在公司的发展奠定基础。所以管理者要设身处地为员工着想，意识到员工并非不想努力，有的时候员工甚至不知道怎样努力加油，也不知道怎样才能事半功倍。在这种情况下，除了要引导员工采取正确的方式工作之外，还要多多赞美员工。有些管理者觉得物质奖励是对员工最卓有成效的激励方式，实际上，赞美也是对员工最好的激励方式，而且赞美可以随时随地进行，比物质奖励带给员工的动力更足。

鸡蛋里挑骨头的管理者，很难受到员工的欢迎。喜欢听到赞美的话，其实是人的本性，更何况员工作为下属，更需要得到上司——管理者的反馈。对于员工的工作，只要管理者想赞美员工，总是能找到赞美的理由。大多数情况下，未必要等到员工取得惊天动地的大成就才赞美员工，也不要把普通的员工与那些特别优秀和拔尖的员工比较。只要员工比前一天有所进步，或者在工作上有小小的突破，高情商的管理者就可以毫不吝啬地赞美员工，从而让员工受到极大的激励作用。赞美员工，不但能够让对方对工作充满信心，我们自身也会得到员工的意外惊喜回馈。

以赞美来激励员工，能够保护员工的自尊心。常言道，破罐子破摔，实际上就是说那些自尊心遭到损坏的人再也不思进取。曾经有人说，如果你想让一个人变成你所期望的样子，那么你就按照你所期望的样子坚持赞美他。由此可见，赞美的力量是非常强大的。尤其是管理者作为员工的上级，管理者的赞美对于员工更能够起到事半功倍的效果。

很多时候，如果管理者想让员工按照他们的安排做事情，一味地命令也许会导致物极必反，不如巧妙采取赞美的方式，让员工积极主动提升和完善自我，也把工作做得更加完美和恰到好处。要知道，外来的力量，总不如发自员工内心的力量来得更强大。实际上，人在职场，每一个人都希望得到上司的认可与赞赏，包括管理者自身，肯定也希望得到上司的欣赏。高情商的管理者能体会员工的心理状态，也能体会员工多么希望得到他们的赞美。虽然引发赞美的事情可大可小，但是赞美给予员工的力量都是强大的。只要管理者赞美的时机恰到好处，赞美的方式得宜，赞美就能事半功倍，对员工起到极大的激励作用。

作为一家公司的部门经理，小刘发现他的助理在工作上越来越粗心马虎。然而，因为助理是一名内向温柔的女性，所以小刘不知道应该如何说，才能提醒助理要认真对待工作，也怕自己一旦把握不好尺度，就会导致助理受到打击，在工作上表现更加沮丧。一个偶然的机会，他在一本经济管理书上看到赞美能够激励员工对待工作更认真，更全心全意地投入，他马上决定第二天上班的时候就试一试。毕竟哪怕起不到预期的效果，赞美也不会把事情变得更加糟糕。

第二天，小刘让助理为他准备一份文件。等到助理把文件送进来的时候，小刘发现助理的文件依然做得很粗糙，而且助理和以前一样工作上非常被动，并没有主动把与这份文件相关的其他文件也拿进来。小刘忍住自己的不高兴和不满意，对助理说："不错啊，你这次的文件准备得很认真细致。不过，这份文件是不是要配合其他几份文件一起看，要是你能把其他几份文件也一起拿进来，那就更完美了。"得到小刘的赞美，秘书非常高兴，赶紧去拿来了其他几份文件。从此之后，小刘再需要文件的时候，助理总是不等小刘主动提出来，就把相关文件拿进来。而且小刘还发现，助理的文件的确做得越来越认真细致，也更加接近自己的要求了。在经过小刘接二连三的赞美之后，助理表现得越来越好，小刘暗暗庆幸：真好，幸亏我学会了赞美下属，这可比其他方式效率高多了。

如果小刘直接批评助理对工作不够认真，也许助理会变得更加沮丧，甚至因为遭遇批评而选择辞职。当然，这都不是小刘想要看到的结果，因为他很清楚不可能有一个现成的助理完全符合他的心意，也许再换一个助理还不如现在的助理呢，这也是他一直迟疑着不敢直接批评助理的原因。小刘最终找到了点拨助理的好方式，那就是赞美助理。哪怕助理真的没有进步，赞美也会使他得到进步。

当然，赞美员工并非是随口就说的事情，首先，赞美员工的时候一定要具体，因为员工也并不糊涂，能区分清楚真心实意的赞美和敷衍了事的赞美。也许有的管理者觉得员工一无是处，不得不说，这根本不是员工的问题，而是管理者的问题。每个人都有自己的优点，也有自己的缺点，在面对员工的时候，只要管理者有着善于发现的眼睛，就一定能够发现员工的闪光点。哪怕员工的闪光点很小，管理者也应该有的放矢对其进行赞美，这样比空泛的赞美，更容易打动员工，也能让员工因此对管理者更加亲近。

在赞美员工时，高情商的管理者不仅赞美那些在工作上表现突出的人，也抓住各种机会赞美那些在工作中暂时处于低谷的人。和工作中春风得意马蹄疾的佼佼者相比，正处于逆境中的员工因为非常自卑，缺乏自信，所以更需要赞美。尤其是对于觉得自己不得志的员工，管理者如果能够恰如其分地赞美他们，那么一定会使他们心怀感激，也因此愿意付出所有的努力，来给管理者最好的回报。要知道，对于他们而言，最大的幸运就是遇到赏识自己的人，也是将他们从默默无闻的状态中拯救出来的人。

要想更从容坦然地赞美员工，管理者还要拥有自信，尤其要实现自我价值。

自我价值不足的人缺乏自信，也不够自爱和自尊，如今的社会上处处可见这样的人。人们常说的某些人素质很差，实际上就包含在这个范围内。简而言之，自我价值不足的人总是轻而易举地放弃自己的原则，不再坚持尊重和爱护自己，也不在乎他人看待自己的眼光，而只为了得到小小的利益。我们必须知道，每一个人都渴望拥有成功而又快乐的人生，都想实现自我价值，一旦自我价值欠缺，就意味着这个人不配拥有人生中更多的成功与快乐，可想而知为了小小的利益而放弃自身的价值，是完全得不偿失的。自我价值不足的人会自惭形秽，也无法坦荡地面对他人，所以他们内心空虚，或者故意炫耀自己，或者总是贬低他人。概括起来，他们的行为模式分为三种：

（1）刻意通过某些东西增强自己的力量，或者夸大其词使他人误以为他们拥有强大的力量。

（2）喜欢走捷径增强自己的力量，或者以小博大让自己显得强。

（3）通过贬低别人，相对抬高自己的地位。

当然，作为管理者，赞美员工也是要讲究技巧的。很多管理者赞美员工言过其实，实际上，过度的赞美过犹不及。但是如果赞美的力度不够，又会使员工觉得管理者的赞美完全是在敷衍了事，因而也起不到相应的效果。因此，高情商的管理者在赞美下属的时候一定会讲究方式方法，把握好一定的度，才能让赞美起到预期的作用，也拉近管理者与员工之间的关系，激励员工在工作上付出更大的努力。

很多管理者都想提高自身的领导力，从而让员工对自己心服口服，言听计从。实际上，赞美恰恰能够提高管理者的领导力，让员工对管理者更加驯服。不得不说，赞美员工是管理者有效实施管理、提升工作效率、增强人格魅力非常有效的方式。然而，无论管理者属于怎样的性格，都要保证赞美是真诚的，是建立在尊重和平等对待员工的基础之上的。唯有如此，管理者的赞美才能被员工接受，也才能事半功倍。

7. 骂人得理，才能骂得理直气壮

很多喜欢看武侠小说的朋友都知道，有的时候高手过招，无招胜似有招。当然，这样精彩的武侠场面只能出现在武侠小说或者是武侠影视剧中，现实生活中，真正的武侠高手少之又少，大多数人都是普通人，因而只能选择斗智斗勇。现代职场上，错综复杂的人际关系和利益关系，使得职场人士几乎每天都在与高手过招。那么就要注意，高手过招，凌厉的西洋拳未必有绵软的太极拳拥有更大的力道，而且如果一方使出蛮力，那么就很容易导致两败俱伤。所以人在职场，要处理好人际关系，就不要一味地蛮干，而是使出巧力，也让事情有回旋的余地。

作为管理者，当然不可能拥有每个队员都非常完美的团队，这是因为世界上根本没有绝对完美的人存在，也是因为每个团队成员的能力都不一而足，最重要的是，工作的任务也不一而足。所以管理者难免会因为员工在工作上出现失误而气得七窍生烟。在这种情况下，缺乏自制力的管理者总是迫不及待地批评员工，往往导致事情更加糟糕。而高情商的管理者知道，很多事情并不急在一时，与其冲动地做出让自己懊悔不已的事情，不如冷静思考，想出更好的解决之道。退一步而言，即使对方真的非常让人生气，犯的错误也不可饶恕，那么管理者也要想出"道理"，才能骂人骂得理直气壮，让员工无话反驳，心服口服。这样一来，管理者自然可以占据主动，也能够圆满解决事情。

管理者要想占据"道理"，就要注意保护员工的自尊心。虽然员工从职位上来讲比管理者低一级，但是员工的人格和管理者的人格是完全平等的。因而不管是批评员工也好，还是声色俱厉地"骂"员工也好，管理者一定不要侮辱员工，更不要肆意贬低员工。所谓就事论事，就是不涉及人格和尊严，而是针对事情提出犀利的，甚至是尖锐的意见。只要员工觉得管理者说的是有道理的，就不会对管理者有意见。常言道，说出去的话如同泼出去的水，如果管理者因为冲动说出不该说的话，对员工的内心造成深深的创伤，那么管理者就无法挽回，会因此在员工心中留下伤痕。

情形一：作为新人，马玉因为粗心大意，没有把上司的叮嘱放在心上，导致工作上出现重大失误。上司当然非常生气，因而对马玉说："你这个蠢货，不但愚蠢，还很不认真，你觉得我还有必要用你吗？"原本马玉犯了错误，心中非常内疚，现在听到上司这么说，不由得怒气冲冲喊道："我就算是蠢货，也不愿意跟着你这种对人连起码的尊重都没有的人。"就这样，上司还没来得及继续批评马玉呢，马玉就已经甩门而去。后来，马玉把上司投诉到总公司那里，上司因此还挨了处分，被降职处理。

情形二：作为新人，马玉因为粗心大意，没有把上司的叮嘱放在心上，导致工作上出现重大失误。上司当然非常生气，但是他努力控制自己的情绪，避免因为冲动而说出无法挽回的话。冷静了十分钟后，上司才让人把马玉叫到办公室，问马玉："你知道自己错在哪里了吗？"马玉非常内疚，赶紧向上司检讨自己。上司这才说："马玉，我比你早进入公司十年，也比你虚长十来岁。所以我不得不说你几句，你觉得自己是一名合格的员工吗？要我说，你根本不够格。你也无须辩解自己是新人，因为这与你是否是新人根本没有太大关系。这就像你们上学的时候考试，老师一定叮嘱过你们只要通过认真复习就能掌握的基础知识，不要丢分。而要是在考试过程中遇到从未见过的难题，那丢分是不可避免的，老师也不会批评你们，对不对？不得不说，你今天所犯的错误就是丢掉了基础分，哪怕你再认真一点儿，就不会犯这么低级的错误，你说呢？"马玉低着头，满脸通红，诚恳地说："张总，我意识到自己的错误了，我也知道自己不够格儿。不过您放心，只要您愿意再给我一次机会，我以后对工作一定多多用心，不会再犯这么低级的错误让您生气。"上司说："好吧，念在你是新人，我也不能一票否决你。你在下班之前给我交来五百字的检讨，公司就不给你记过了。"就这样，上司把马玉狠狠地批评了一通，马玉不但没有怨言，反而对上司感激不尽了。

毫无疑问，在第二种情形中，管理者情商更高，在批评的时候完全就事论事，所以虽然言辞尖锐，语气犀利，但是马玉丝毫没有反感，反而心服口服。最后，管理者提出让马玉交上五百字的检讨，从而不给马玉记过，这更让马玉感激管理者。

作为高情商的管理者，作为高明的管理者，就要像情形二中那样，把批评的话说到员工心里去，才能既起到批评的效果，把声色俱厉的"骂"发挥出来，又能照顾员工的情绪，让员工心服口服，这样才能把管理工作顺利推进下去，也起到事半功倍的效果。常言道，会说的人说得人笑，不会说的人说得人跳。作为高情商的管理者，当然也要成为语言大师，把话说得头头是道，有理有据，才能让员工心甘情愿接受严厉批评，也积极主动地改正错误。

第七章

管理好新团队，为公司发展注入新鲜血液

　　并非每一位管理者都有好运气，能够有幸接管成熟的团队。实际上，哪怕真的拥有这样的好运气接管成熟团队，也未必就能在工作上一帆风顺，因为在成熟团队中，大多数成员在工作上能力已经得到提升，经验也更丰富，这样一来管理者自然与团队成员失去了一起成长的机会。很多管理者反而更愿意接手新的团队，甚至亲自打造一支团队。这样一来，他们就可以带领团队成员共同进步和发展。

1. 不要当新员工的"家长"

新员工进入公司，当然会面临很大的不适应，在工作上也会遭遇挑战。这种情况下，管理者应该竭尽所能为新员工介绍公司的企业文化和发展历史、前景等，也要帮助新员工熟悉业务。然而，送君千里，终须一别，在帮助和培养新员工的过程中，管理者必须把握好适当的度，避免新员工凡事都形成依赖性，最终把管理者当成可以依赖的家长。这就像是父母教养孩子一样，有的孩子生活自立，不管做什么事情都轻车熟路，但是有的孩子明显能力不足，不管做什么事情都心有余而力不足，甚至还有的孩子万事不操心，因为有父母为他们操心。不得不说，父母是不可能照顾孩子一辈子的，仅从孩子自身的发展而言，全权包办也是不利于孩子成长的。所以，人在职场，尤其作为管理者，更不要像凡事都代劳的父母对待孩子一样对待新员工。从某种意义上而言，新员工初入职场，也正处于处理事情的关键时期，所以更要养成良好的工作习惯。而作为管理者，也要有意识地引导和培养员工，帮助员工端正工作态度，积极主动处理工作上的相关事宜，从而形成好的工作习惯。

那么，如何区分新员工的求助是依赖，还是真的需要帮助呢？面对新员工的求助，管理者不妨问自己几个问题。首先，问问自己新员工的求助是否可行，问题的难度是否已经超出了他们的能力与水平。其次，还要考察新员工在求助之前是否已经进行了认真思考，从而判断新员工是否已经尽力开动脑筋寻求解决方案了。最后，还要问问自己，在帮助新员工获得解决方案之后，下次再遇到同样的问题，新员工能否圆满解决？常言道，授人以鱼不如授人以渔。与其一直跟在新员工后面当保姆，为他们解决各种各样的问题，不如更好地教会新员工解决问题的方法，也引导新员工形成解决问题的思路。这样一来，比起直接帮助新员工解决问题或者为新员工提供解决方案，管理者必然要付出更多的时间和精力，但是却能够一劳永逸，至少教会了新员工再遇到类似的问题如何思考和处理。在此过程中，新员工的能力和水平也必然得到提升，渐渐地会成为公司的中流砥柱。

作为初入公司的新人，刚刚大学毕业的乔伟甚至不会使用大型的复印机。有一次，他恰巧需要复印很多文件，而且要把身份证的正反面复印到同一面上。他试了好几次，浪费了很多张纸，也没有成功。后来，办公室主任看到了，当即走过去轻轻松松就复印好了。因为主任的动作很快，所以乔伟一时之间还不知道到底如何复印。没过多久，乔伟又需要复印，面对同样的问题，他再次感到非常为难。他不知道如何才能做到，因而很尴尬。这时，主任恰巧也来复印东西，又是不由分说地帮乔伟复印。乔伟拿到复印件之后，正准备离开，主任突然间似乎想起什么，赶紧问乔伟："你应该学一学吧，省得每次都要找人帮忙。"乔伟回来，站在主任身边。主任认真地教了乔伟两遍，又让乔伟复习了一下，从此之后，乔伟再也不用找人帮忙复印文件了。

虽然这只是一个很简单的复印机的使用问题，但是对于乔伟而言，却是在未来职场生涯中经常需要遇到的问题，尤其是在初入公司时，这种情况的出现必然更加频繁。幸好主任情商很高，知道乔伟总是找人帮忙根本行不通，因而在帮助乔伟复印之后，又花费几分钟时间教会了乔伟，这样一来也许下次就是乔伟帮助其他同事了。

实际上，在工作中，不管是大的问题还是小的问题，都需要合理解决。作为管理者，在员工遇到障碍时，最重要的不是帮助新员工清除障碍，更不是为员工代劳，而是要引导新员工按照正确的思路进行思考，才能让新员工掌握正确的方法，从而合理圆满地解决问题。这才是一劳永逸的，看似耽误时间，实际上也是效率更高的。

当然，每一位新员工求助的情况都是不同的。有的新员工是为了推卸责任，才刻意求助，诸如他们总是说"假如我当初……那么就能……"这样的假设实际上根本没有可能变成现实，事情一旦发生，我们就要接受结果，只有想办法才能弥补，而根本没有后悔药可吃。在职场上，这样的求助者最为常见。还有的新员工之所以求助，是因为自己拿不定主意做出选择，这时他们就需要在管理者的帮助下分析情况，从而才能做出理智的决定。还有的新员工求助的时候有诸多问题，这种情况下，管理者当然也分身乏术，无法帮助他们处理所有的问题，那么就要找到问题的症结所在，既帮助新员工合理安排工作，分清楚主次轻重，从而让新员工在工作上事半功倍，也能够找到重点问题有的放矢地展开讨论。还有些新员工总是自我否定，尤其是在面对工作中的困境时，他们更加信心全无。对于这样的员工，最重要的不是他们的能力或者水平不够高，而是必须提振他们的信心，让他们鼓起勇气解决工作中的难题，也摆正自己的位置，端正自己的态度。

2. 避免新员工拉帮结派

很多公司都存在一个顽疾，那就是员工之间拉帮结派，成为小的团体，导致公司的正常工作无法顺利展开。实际上，这种现象在大多数公司都存在。大多数情况下，小圈子都是以权力为圆心往外扩散的关系网，尤其是在各种关系和利益错综复杂的职场上，小圈子的影响力更大，也会给工作带来很多的负面影响。因而作为管理者，总是想要清除这些小圈子，却又因为小圈子根深蒂固，根本无法如愿以偿。在这种情况下，作为管理者，要抓住新员工进入公司的机会，在新员工还没有出现拉帮结派的行为或者还没有加入任何小圈子之前，就未雨绸缪，防患于未然。

通常情况下，小圈子主要有两种形式。一种小圈子是由内而外的利益延伸型圈子。在这个圈子里，最先出现的是权力的核心，然后其他员工为了利用权力，为自己的工作创造便利，所以才围绕在权力中心，不断地向外延伸。还有一种小圈子是从外向内的，属于利益参与型圈子。在这个圈子里，人们为了得到权力的辐射，纷纷采取各种办法靠近权力的中心，也向权力的所有者大献殷勤。其实，不仅仅在公司或者是企业里，哪怕是在事业单位，这样的圈子都是存在的，这是因为团队的本质就是利益的集合体。很多团队成员之所以团结在一起，就是因为他们拥有共同的利益。正如一位名人所说的，这个世界上没有永远的敌人，只有永远的利益。所以作为管理者，要想让团队成员团结一致，就要以共同利益为核心，使团队成员产生凝聚力和向心力。同样的道理，管理者要想避免团队成员结成小圈子，也要从利益着手，尽量把团队之中的共同利益和个人利益协调统一起来，从而形成人人为我、我为人人的良好局面，也能够成功避免团队成员之间相互勾结，结成联盟，导致最终形成势力与公司的中心权力对抗的局面。

从本质上来说，避免新员工拉帮结派，就是要在新员工进入公司之初，就破除新员工之间的利益联盟，从而让每个人都自视为团队的成员，以团队的共同利益为重。很多情况下，小圈子过多，还会导致团队内部失去凝聚力，如同一盘散沙。但是，在每个小圈子内部，却都有极具影响力的核心人物，因而小圈子很容易在核心人物的带领下，与整个团队产生对抗，导致利益冲突。打比方来说，小圈子就像是人体中长出来的额外赘生物一样，日久天长，必然影响人体健康，所以要尽早摘除。

在公关部，张薇和小敏是最熟悉的人。她们原本关系非常好，甚至以好姐妹互称，但是后来，因为公关部主管一职突然出现空缺，所以实力相当的张薇和小敏一下子变成了竞争关系，因为她们俩是整个办公室最有资格晋升主管的。对于这种情况，张薇还比较淡然，觉得公司肯定也会有考量，最终在她和小敏之间选择一人当主管。但是小敏则不同，自从公关部主管职位空缺，小敏就处处都注意表现自己，争取得到晋升。看到小敏这么在意主管的位置，渐渐地，张薇也紧张起来。人在职场，谁不想得到晋升呢？

一段时间之后，公司公布了新的人事任免，原来公关部的主管是外聘的空降兵，而且是专门学习公共关系学的，所以能力超强。眼看着新主管走马上任，小敏在开会的时候主动为新主管介绍公关部的各种规章制度。这时，张薇有些尴尬，只是偶尔补充说几句。显而易见，心眼活泛的小敏眼见自己当主管没希望了，就想与新主管套近乎。中午吃饭时，小敏还给新主管打电话，非要自掏腰包给新主管接风。新主管冰雪聪明，也深知拉帮结派对于团队工作的负面影响，因而笑着说："也别让你请了，也别咱们俩了，今天中午就我做东，请整个部门的人吃饭吧。"就这样，整个部门其乐融融，在一起进行了大会餐。后来的工作中，新主管也很少单独和某位同事走得过近，而是与大多数人都保持着平等的距离。

有段时间，部门招聘了好几名新人，新主管首先与新人接触，从而避免新人加入任何小圈子，也避免新人与某些人走得过近。在新主管的坚持下，虽然公司里的很多部门都有小圈子，但是公关部拉帮结派的现象却好了很多。尤其是新人都是直接与新主管联系，从而也避免了加重任何人的势力和影响力。

部门内部不要拉帮结派，虽然新主管没有把这句话说出来，但是却身为表率，给每个员工都做了很好的示范与榜样作用。在新主管的坚持下，相信新员工一定会紧紧围绕在以新主管为中心的团队权力周围，而老员工也必然不敢肆无忌惮地与某些人走得太近，更不会明目张胆形成小圈子。实际上，新主管非常明智，她知道拉帮结派对于工作的负面影响，也就决定从新人初入公司就防患于未然。对于老员工，她更是以身作则，身先示范，从而最大限度保证整个团队的凝聚力。

团队内部的小圈子，概括而言，必须具备以下几点。首先，要具备超强的凝聚力，这样才能把所有团队成员都凝聚在以团队管理者以核心的权力周围，也更容易让团队成员形成共同的目标，为了共同的理想而不懈奋斗。其次，要让思想与行为保持一致，整个小圈子都整齐划一。再次，要保持信息的快速流转和传递，从而才能在小圈子内部形成共同的舆论。最后，小圈子里一定要有灵魂人物和核心人物。当然，这里细数建立小圈子的必要条件，并非是支持新成员建立小圈子，而是告诉管理者小圈子的特征，从而提高警惕。

需要注意的是，管理者虽然不欢迎小圈子的成立和存在，但是也不能粗暴地废除小圈子。要知道，小圈子有着超强的凝聚力，而且圈子里的成员之间团结一致，这一切决定了如果强制废除小圈子，就会导致情况变得非常被动。在这种情况下，管理者还要学会与小圈子和谐共生，也引导小圈子里的成员进行合理社交。否则，凡事过犹不及，如果作为管理者强制要求小圈子解散，不复存在，那么只会导致哪里有压迫哪里就有反抗，也会导致小圈子的成员之间彼此更加密切合作，团结紧密。

3. 接受新员工的抱怨

作为公司的新进人员，新员工必然对于公司制度、公司文化以及工作方式和规章制度方面有很多的不适应。当他们不了解公司的初衷时，甚至还会因此对公司怨声载道，导致无法很好地适应公司。有些新员工虽然初入公司，但是此前有工作经验，所以对于公司的规章制度还能理解和接受，但是有的新员工是走出大学校园之后从事第一份工作，所以他们对于公司的很多规章制度并不理解，也更加牢骚满腹。在这种情况下，作为管理者，是批评新员工适应能力不好呢？还是接纳新员工的抱怨，平复新员工的情绪，从而帮助新员工找到合理的情绪宣泄渠道，帮助新员工端正态度，更好地面对工作呢？也许有些低情商的管理者会借此机会表现出自己的居高临下，但是高情商的管理者一定会选择后者，暂且充当新员工的情绪垃圾桶，从而帮助新员工顺利度过初入公司的焦虑期。

人是情感动物，因而情绪非常容易被动。尤其是对于没有任何职场经验的菜鸟而言，也许他们对于工作的理解还停留在置身于大学校园时的心态。这导致他们非常容易感情用事，也很容易情绪冲动。更重要的是，对于职场上身不由己的无奈，他们还没有体会，所以他们显得愤世嫉俗，也常常因此慷慨陈词。当然，这不仅仅意味着他们对于现在的工作有很多不满，也意味着他们正在经历人生中重要的阶段，那就是从单纯简单的思想，过渡到渐渐适应复杂的职场生活。作为管理者，要对新员工有耐心，要愿意倾听新员工的抱怨，这不仅仅要求管理者性格温和，也意味着管理者要陪伴新员工度过这样的心理阶段，从而才能帮助新员工更好地适应工作。

　　作为新员工，乔治在进入公司之后一直做着最简单而又基础的工作。有一次，他被部门主管安排加入一个项目组，这个项目组正在负责一项非常重要的项目，所以乔治觉得非常高兴，因为他觉得终于英雄有了用武之地，他摩拳擦掌，恨不得马上就做出一番成就。出乎乔治的预料，这个项目组里其他的四名成员都是经验丰富的老员工，因而对于乔治的加入，他们都觉得不以为然。毕竟原本他们四个人就能搞定这个项目，而乔治的出现无疑会分享他们的成果和利益，所以他们一致有些排斥乔治，总是让乔治做一些最基本、最简单的工作。为此，乔治闷闷不乐。

　　一个周五的晚上，乔治加班做表格，恰巧主管也走得很晚，因而乔治找到机会和主管进行了一番攀谈。乔治喋喋不休地向主管抱怨："我也是名牌大学毕业的，我有什么不能做的呢？他们只给我最简单的工作，甚至是无聊的工作，恨不得马上把我从项目组里剔除出去，所以我很难过。我不知道我对他们有什么威胁，我也不知道他们为何要这样对我。难道我曾经在哪里得罪过他们吗？显而易见，进入公司是我第一次认识他们，我不知道自己哪里做错了。"听着乔治的抱怨，主管一直面带微笑。等到乔治终于闭上嘴巴，主管问他："那么你觉得，你想从这次的项目中得到什么呢？"乔治想了想，说："我只想让自己能够得到学习的机会，不至于原地踏步。"主管如释重负，说："也许他们是害怕你作为什么都不懂的新人，最后会分得他们一杯羹。我建议你可以表明自己的立场，告诉他们你就是纯粹的学习者，也许他们会感到放心的。"在主管的提醒下，乔治果然向项目组里其他四位老员工表明立场，而那四位老员工对他的态度也的确有所改变。

　　新人进入职场，必然要有诸多的不适应。实际上，为了避免出现误解，新员工应该善于沟通。而作为管理者，也要认真倾听新员工的抱怨，毕竟管理者的任务除了管理好新人之外，也要引导新员工成长，帮助新员工尽快适应公司的规章制度，从而在工作上有更好的表现。

　　很多管理者一听到新员工抱怨就和很不耐烦，实际上，新员工爱抱怨是完全正常的。管理者自身要调整好心态，以平常心面对新人的抱怨，才能宽容接纳新员工的抱怨，理智对待新员工的抱怨，从而让管理工作水到渠成，事半功倍。

4. 给迷惘的新员工指明方向

　　每一个新员工在初入公司的时候，除了情绪焦躁不安之外，还会度过很长一段时间的迷惘期。毕竟对于新员工而言，工作绝不仅仅是换取薪酬的一种途径，他们还会对工作寄予厚望，希望能够得到更好的发展，赢得更好的前途。这样一来，新员工自然对于工作满怀憧憬，一边依靠微薄的薪水度日，一边努力做好工作，希望有朝一日能够得到升职加薪，让自己的职业生涯前途一片光明。有些有野心的新员工，从进入公司之初就瞄准了团队管理者的职位，因为这个职位距离他们最近，也是他们唾手可得的。

　　对于新员工的虎视眈眈，作为管理者，是应该感到高兴，还是由此产生危机意识，心怀不安呢？实际上，心思狭隘的管理者也许会担心自己的职位，但是心怀高远的管理者反而会因为新员工的志向远大而欣慰和高兴。所谓长江后浪推前浪，假如新员工能在管理者的领导下得到晋升，那么管理者或者得到更高的晋升，或者是因为带出了一位优秀的管理人才，而在公司里有了更多的资本。因而面对野心勃勃但是却遭遇困境的新员工，管理者理所当然应该为他们指明发展的方向，让他们看到晋升的渠道和希望，也使得他们更加全力以赴地工作。

作为管理者，一定不要挡在新员工的路上，而是应该支持新员工努力奋进。优秀的管理者，还会给新员工描绘未来的愿景，从而激励新员工不断进步。宽容大度的管理者，不但不会因为新员工窥视他们的职位而担忧，反而会欣赏新员工的野心，并且激励新员工具有更大的野心。整个团队，正是在每个成员彼此之间你追我赶才形成进步的态势，整个公司也是因为每个团队和成员欣欣向荣、奋发向上，才拥有更灿烂辉煌的前景和未来。

日本索尼公司在全世界都赫赫有名，作为一家大规模的知名企业，索尼公司之所以有现在的发展和成就，正是因为他们的管理团队非常杰出和优秀。不得不提的是，索尼公司的晋升制度非常完善，而且毫无疏漏。正是索尼公司的董事长盛田昭夫，建立了这套严谨的制度，也激励了员工不断努力上进。

盛田昭夫最喜欢和员工进行交流，也总是积极地鼓励员工为公司提出宝贵的建议。有一次，盛田昭夫去员工餐厅吃饭，突然看到有个员工郁郁寡欢。为此，盛田昭夫走到员工的对面坐下来，开始与员工交流。在盛田昭夫的耐心引导下，这位员工终于吐露心声："我从东京大学毕业，有很高的薪水。我之所以放弃高薪来到索尼公司，正是因为我喜欢索尼公司。然而，我如今懊悔不已，因为我遇到了一个无能的课长，他把我管得死死的，不给我任何自由。我很喜欢从事发明创造，但是课长总是挖苦讽刺我，我如今一刻也不想再在索尼待下去了。"听到员工的倾诉，盛田昭夫震惊不已，他马上意识到这样的问题在公司里也许很普遍，而很多管理者并不了解员工的苦闷。为此，盛田昭夫马上改革人事制度，开始在公司内部进行招聘。各个部门的员工，既可以光明正大地去应聘，也可以秘密去应聘，而他们的上级完全无权阻止。后来，盛田昭夫还规定公司每隔两年就帮助员工调换岗位，从而给予员工更多的发展机会和晋升空间。

诸如索尼这样的公司，给员工开通了顺畅的晋升通道，而且也给了员工更多的选择机会。可想而知，员工必然会充满干劲，也会因为管理者对他们的用心支持和体谅而感动不已。遗憾的是，现实生活中，有很多管理者总是对员工颐指气使，员工一旦犯错误，管理者就会对他们厉声呵斥，导致他们哪怕工作上表现不错，也会对公司信心全无，更看不到职业生涯中的希望。

现代社会，人才紧俏，用人单位和人才双向选择，往往是用人单位找不到合适的人才，而人才又找不到合适的工作。所以作为管理者，如果公司招聘到优秀的新员工，就要代表公司挽留新员工，也要竭尽所能教授新员工更多的工作技能，帮助他们提升工作能力。唯有如此，新员工才能站住脚，从而为公司创造效益。而要想激发新员工不断奋发向上，管理者更要给新员工树立信心，让新员工看到希望和未来，也让他们看到现实的晋升通道，从而让新员工斗志昂扬，充满积极向上的力量。对于因为自我价值不足而导致缺乏信心的成年人，管理者还可以采取以下三种办法来帮助员工改善自己的心境，提升自我价值。

（1）自信的人要做到言出必准、言出必行。

（2）自信的人都有做人的原则和底线，坚持有所不为、有所必。

（3）自信的人会坦然接纳自己、认可自己，从而最大限度激发自己的能力，帮助自己建立信心，充满勇气和力量。

5.描绘未来，让新员工看到光明前景

好的管理者，不仅具有超强的管理才能，而且能够为新员工描绘未来，从而让新员工看到光明的前景。大多数管理者只会激励那些在工作上有突出贡献和前景的老员工，而真正高情商的管理者知道，所谓一将难求，在遇到好的人才时，更要激励新员工，才能挽留住人才。尤其是现代职场上，用人单位和人才是双向选择的关系，原本能够促进人才流通，但是也让人才流通加速，导致留住优秀的员工成为管理者工作的重中之重。

很多管理者也许很擅长管理工作，但是他们根本不懂得管理工作的真谛。真正优秀的管理者必须具备领导力，才能更好地引领新员工坚定不移地走好自己选择的道路，也在工作上有突出的表现。很多管理者都问自己：到底什么才是领导力？当然，也不乏有些号称管理经典的书籍，总是从各个方面为管理者讲述大道理，甚至罗列管理的各种数据。然而，不得不说这些管理的资料都是泛泛而谈，也许真正做管理的人才知道，管理工作不但是一门技术，也是一门艺术。而要想成为一名优秀且杰出的管理者，要想成为真正的领导者，必须是一个"造梦大师"，能为新员工描绘未来，这样才能让新员工看到光明的职业发展前景，成就更辉煌的未来。

所谓造梦，毋庸置疑，就是为员工制造一个梦。这个梦可以瑰丽，可以远大，可以现实，也可以平实。记得前几年播放的好莱坞大片《盗梦空间》吗？很多人都对这个影片印象深刻，巨星莱昂纳多饰演一个窃贼，是整部影片的主角。他精通"摄魂术"，可以潜入人的潜意识，窃取人潜意识中的信息，然后为客户服务。造梦的关键，就在于与人的潜意识相连，与此同时，他也可以把思维植入他人的脑海中，从而起到控制他人的目的。当然，这只是科幻片而已，现代社会的技术，还不能使人潜入他人的意识，更无法在他人的意识里植入梦境。那么所谓好的领导人，如何才能造梦呢？

戴蒙德国际纸箱厂位于美国马萨诸塞州巴莫尔，这个厂子发展得蒸蒸日上，与管理者善于造梦是分不开的。曾经，因为市场的影响，纸箱厂里的工人们都很担忧自己的前途，而且大多数工人都消极怠工，甚至对管理者满怀抱怨，觉得管理者根本不懂得尊重他们，也不为他们的死活考虑。

为了改变这种状况，也为了挽救厂子，使厂子起死回生，管理者推出"100分俱乐部"章程。章程规定，不管是哪个阶层的员工，只要一年之内的工作绩效比平均水平高，就将会被打分。而且对于得到高分的员工，厂里还会派出管理者把分数送到员工家里。尤其是对于满分的员工，还会得到公司的奖励。公司管理者会亲自送给满分的员工一件夹克，上面不但印着公司标志，并且带有"100分俱乐部"臂章。这件夹克象征着员工努力工作，也使员工感受到自己的价值得以实现，自己被管理者和公司认可。与此同时，因为这些奖品是管理者亲自送到员工家里的，所以员工在家人面前也会很有面子。虽然"100分俱乐部"的满分员工并没有得到太多的物质奖励，但是自从实施这个办法之后，整个工厂的工作效率大幅度提高，而且员工与管理者之间的关系变得越来越亲密，对工厂的忠诚度也大幅度提高。

毫无疑问，这家纸箱厂的管理者们情商都很高，面对员工对工厂失去信心，消极怠工，对个人前途毫无希望，管理者第一时间做出反应，把员工个人的发展与企业的命运紧密相连，更深刻地洞察员工心理，挖掘员工需求，从而使得意识激励在员工身上起到卓有成效的作用。虽然"100分俱乐部"只是一个小小的梦想，但是作用却不小，在梦想的激励下，员工们团结一心，与工厂同呼吸，共命运，不遗余力为工厂做贡献，也为自己的未来努力拼搏。

作为管理者，一定要知道员工的梦想，也要了解员工想要怎样的人生。当然，作为团队的管理者，不但要会为老员工造梦，更要为新员工造梦，这样才能让新员工对公司充满信心，也对管理者更加信服。当然，在为新员工造梦时，管理者也要注意以下事项。首先，对于陷入困境的新员工，不要过于夸大困难，而是要让梦想更远大，这样才能让困难显得微不足道、不值一提。此外，管理者在为新员工造梦时，不要只是针对新员工，也要针对整个团队营造共同的梦想。最后，对于自己的远大梦想，管理者还要学会将梦想转嫁给员工，从而不但能够激励员工，而且也能够让员工和自己志同道合，共同进步，可谓一举两得。总而言之，造梦是管理者必须具备的素质和能力之一，唯有懂得造梦，管理者才能成功激发整个团队以及每一位团队成员的力量，让所有人都齐心协力，拧成一股绳，从而也让自己由管理者提升为真正的领导者。

管理者还需要注意为员工建立信念系统。所谓信念系统，是由信念、价值观和规条组成的。在成长的过程中，每个人都不断积累人生经验，最终形成自身的信念系统。由于没有任何人的成长过程是完全相同的，所以每个人的人生经验截然不同，也直接导致每个人的信念系统截然不同。当一个人的人生态度有效，他就会知道自己的信念系统与众不同，因而从不把自己的信念系统强加于他人身上，给他人空间，也尊重他人，接纳他人的信念系统。

换而言之，在团队之中，两个团队成员即使信念系统不同，也能和谐相处。事实告诉我们，世界上有很多信念系统不同的人，都相处融洽，和谐友好。当然，把任意两个人的信念系统进行叠合，会发现他们的信念系统必然有重叠之处。正是因为重叠之处，才能让信念系统不同的人友好相处。这也就是人们常说的"志同道合"，即指两个人拥有共同的信念、共同的价值观。拥有共同的信念，可以让不同的人对事情拥有一致的看法；共同的价值观，可以让不同的个人哪怕追求的价值不同，也可以彼此接受。因为生活的经验不同，所以每个人的信念系统都处于不断的发展变化之中，这一点可以从共同生活的两个人对于同一件事情的反应和看法截然不同上得到验证。所以一旦管理者构建好团队的信念系统，也让每个团队成员同心协力，拧成一股绳，那么整个团队的发展就会朝气蓬勃，蒸蒸日上。

6．制定末位淘汰制度，让新员工保持竞争活力

现代职场，盛行优胜劣汰的法则，在一个团队之中，每一个成员的能力与水平不可能是完全相同的。在这种情况下，管理者当然会更加偏爱那些业绩突出、工作表现出色的新员工，因为他们适应工作很快，因而也能够以最快的速度给公司创造效益。相比之下，那些资质愚钝、适应工作很慢的员工，又该如何是好呢？实际上，经常去人才市场的求职者会发现，很多销售行业长年累月都在招聘人才，这是因为销售行业是优胜劣汰最为严格的行业，经常会淘汰那些业绩不好的人，再招聘新员工加入。这样一来，就像血液循环，会使得公司始终保持旺盛的发展力，也会让公司的业绩更上一层楼。

也许有些管理者会担心，因为残酷的末位淘汰制度，很容易会让新员工心生畏惧，甚至打退堂鼓。也有些应聘者在找工作的时候，更是直接拒绝一切与销售有关的工作，就是因为他们无法承受残酷的压力，更没有信心在末位淘汰制度下求得生存。不得不说，这样的应聘者也许只适合文职工作。然而，除了销售工

作以外，职场上的很多工作同样适用于末位淘汰制度。毕竟如今是市场经济时代，再也不是传统的大锅饭时代。在职场上，一个萝卜一个坑，每个职位上的员工都要人尽其才，物尽其用，再也无法混日子。在这种情况下，管理者完全无须有任何心理压力，因为一个不能适应末位淘汰制度的人，根本不值得挽留。从这个角度而言，末位淘汰制度不但能够淘汰那些排名靠后的新员工，也能排除那些心理脆弱、无法适应现代职场上激烈竞争的员工。

简而言之，所谓的末位淘汰，就是优胜劣汰。在团队工作中，很多新员工都容易变得懈怠，觉得只要工作上能够说得过去，就可以继续在团队中生存下来。实际上，为了维持团队的工作效率，不断提升团队全体成员的综合素质，末位淘汰是不可避免的。当然，需要注意的是，末位淘汰只能说明新员工不适合从事某项工作，而并不代表新员工一无是处。所谓尺有所短，寸有所长，唯有找到适合自己的工作，新员工才能发挥自己的优势，在工作上事半功倍。所以末位淘汰的目的不是彻底否定新员工，而是根据新员工的能力和水平，为新员工安排新的工作，从而帮助新员工发挥最大的优势。基于这样的出发点，所谓末位淘汰就是为了迎合竞争的需要，从而制定科学的评估和考量方式，也因为对员工的工作进行排序，区分对于同一份工作，不同员工的竞争力和表现力。当然，一味地排序并不能激励员工不断上进，也无法激励后进的员工奋勇向前。除了进行排序之外，还要制定相应的奖惩措施，奖励那些在工作上上进的新员工，以恰当的方式惩罚那些在工作上表现后进的员工，才能起到预期的激励和惩戒作用，激发不同能力和水平的员工在工作上都表现出更强的实力。

对于管理者而言，实行末位淘汰制度也是有一些注意事项的。很多管理者自以为施行末位淘汰制度的目的是淘汰那些不符合公司要求的人，但是却并不知道公司对于人才的标准是什么。这正是末位淘汰制度的弊端，即很多管理者强烈希望建立末位淘汰制度作为管理的基础和规则，却根本不知道公司真正需要怎样的人才。在这种情况下，管理者的末位淘汰制度无异于没头苍蝇，哪怕执行得再好，却完全忘记了初心，也忘记了要怎样才能最大限度激励员工，从而导致舍本逐末，完全背离最初的目的。

作为一家公司的人力资源主管，刘强东早在几年前开始，就在公司大力推行末位淘汰制度。每到年底的时候，他总是对员工进行全方位的综合考核，从而淘汰排名位于最后百分之十的员工。听上去，这个制度纪律严明，效果也应该不错，但是在实际操作的过程中，却遇到了非常大的障碍，甚至导致事与愿违。

原来，在实际工作中，正如那首打油诗所唱的那样：干得多，错得多，得罪人也多。结果导致在综合考核过程中，反而是那些不求有功、但求无过的平庸者，因为夹着尾巴工作，在工作中既不会得罪很多人，也不会因为干得太多导致错误百出，因而他们的得分是很高的。相反，工作中坚持原则的人，总是无形中得罪很多人；那些干得多的人，也难免出现各种各样的错误。在考核制度下，他们虽然在工作上积极主动付出了很多，但是却得分很低，导致排名很靠后。按照考核制度的规定，他们被淘汰了，但是他们工作上的表现在公司里有口皆碑，因而很多人都对他们的命运感到非常可惜，也对于综合考核制度和淘汰制度意见很大。尤其对于那些新员工而言，末位淘汰制度更加不合理。因为新员工缺乏工作经验，又极富工作热情，这导致他们在工作的过程中必然干得多，错得多。有些新员工即使没被淘汰，也因为意识到制度的不完善而明哲保身，再也不敢轻易付出了。

就这样，末位淘汰制度才施行了一年，就因为员工们怨声载道，不得不取消了。

其实，末位淘汰制度是没有错误的，刘强东推行的末位淘汰制度之所以被取消，就是因为考核的标准不合理。在事例中的考核制度下，唯有工作上表现出惰性，只完成本职工作而绝不多干任何工作，而且随波逐流、毫无主见的员工，才能得到更高的分数。毫无疑问，一家公司如果只靠着这些员工，根本不可能有所发展。在工作上更积极且充满热情的新员工，无疑在短期内会成为犯错最多的员工，因为他们只有理论知识，而缺乏实战经验。此外，在这种不公平的制度下，很多原本能够坚持原则的新员工，也会为了避免丢人，而变得唯唯诺诺，成为毫无原则的跟风者。由此可见，要想顺利推行末位淘汰制度，就必须制定公司的考核标准，而且要细分考核标准，这样才能让不同的员工都得到合理的对待。

要想制定合理的考核制度，首先要知道公司的用人标准，也要确定末位淘汰的标准和比例。当然，这一切也需要有企业文化作为前提条件，毕竟末位淘汰制度关系到员工的命运，也关系到企业的前途，决不可轻而易举就制定执行。尤其作为管理者，在制定末位淘汰制度的时候更加心思缜密，从而才能让末位淘汰制度更合理，更便于操作，也易于执行。一般情况下，制定末位淘汰制度的时候不要简单地仅仅以业绩作为考核标准，而要从方方面面考察员工，既要看到员工的绝对工作表现，也要看到员工相比自己之前有无进步。此外，职场上除了要有能力和水平之外，还要处理好复杂的人际关系，与客户融洽相处，才能让工作更加顺利推进。总而言之，末位淘汰制度必须思虑周全，而且要得到包括新员工在内所有员工的认可。

此外，由于不同行业的特点不同，不同员工的水平和情况也不尽相同，在施行末位淘汰制度的时候也不能完全不加区分。诸如对待老员工和新员工应该是不同的标准，末位淘汰制度在销售行业和行政部门的标准和规则也应各不相同。这就对管理者提出了更高的要求，所以作为管理者必须深入了解末位淘汰制度，也必须制定完整的考核标准和淘汰比例，才能顺利执行末位淘汰制度，让末位淘汰制度对工作起到积极的促进作用。

7. 及时清除新员工队伍中的害群之马

在管理学界，流行一个定律，名字叫"酒与污水定律"。意思是说，如果在一桶污水中倒入一汤匙美酒，那么这一汤匙美酒也会变成污水。相反，如果把一汤匙污水倒入一桶美酒中，那么得到的依然是一桶污水。由此可以得出一个结论，即不管在一桶里酒与污水的比例是多少，也无法改变美酒一经污水的玷污，就变成一桶污水的现象。实际上，在这一整桶的液体中，真正起关键性作用的就是那一汤匙污水。只要有污水的存在，不管有多少美酒，都会变成一文不值、毫无用处的污水。实际上，民间有句话与这个定律有着异曲同工之妙，那就是"一粒老鼠屎坏了一锅粥"。

其实，在职场上，这样的情况并不少见。尽管大多数新员工在找到工作之初都满怀积极和热情投入工作，但是他们之中也不乏有人对待工作蒙混过关，而且还会时不时地牢骚满腹，怨声载道，导致不仅影响自身的工作状态，也使得其他的新员工心神不宁，根本无法静下心来工作。在这种情况下，为了帮助新员工队伍保持稳定，也为了更加卓有成效地推进工作，作为管理者，必须及时清除新员工队伍中的害群之马，从而让新员工队伍保持稳定，始终保持进步的态势。

那么，新员工队伍中都有哪些害群之马呢？有些新员工完全是抱着骑驴找马的态度，先随便找份工作干着，然后慢慢找其他更合适的工作，伺机而动。他们的三心二意必然会表现在工作上，也会让其他新员工有所觉察。其次，新员工队伍中，有些新员工好高骛远，心比天高，却没有好运气一步登天，这导致他们对待工作总是怨声载道。众所周知，正能量的人给他人带来正能量，负能量的人给他人带来负能量。每一个管理者都不喜欢自己的团队中有充满负能量的人，否则给团队带来的危害将会是严重的，也是无法逆转的。所以对于这样的害群之马，也要坚决剔除，决不能姑息。还有些新员工是唯恐天下不乱的类型，虽然初到公司，却丝毫不懂得夹着尾巴做人的道理，总是兴风作浪，搅和得整个团队都人心惶惶。毫无疑问，对于这样的新员工，也要坚决剔除。

毋庸置疑，职场上充斥着复杂的利益关系和人际关系，管理者要想把人员的工作做好，必然要付出加倍的努力。也不可否认，时代的发展使得人员流通速度加快，尤其是在大城市，更是汇聚着来自五湖四海的人们。所以管理者更要练就火眼金睛，不但要协调员工之间的关系，更要辨识员工的真面目，从而避免害群之马混入团队之中，导致整个团队失去凝聚力，如同一盘散沙。

仅从表面看起来，一个优质的团队似乎是不可破坏的。实际上，一个团队哪怕工作效率再高，只要有害群之马，马上就会导致工作效率低下。实际上，团队非常脆弱，这是因为团队的高效运转离不开每个团队成员齐心协力，一旦团队中有人离心离德，整个团队很快就会土崩瓦解，甚至彻底崩塌。从本质上而言，团队就像人体一样，是一个严密的系统。人体的健康离不开各个部位的健康运转，而一旦有哪个部位掉链子，人体就会陷入疾病状态，感到痛苦不堪。举例而言，就算是一个小小的感冒，也能把人弄得人仰马翻。这是因为感冒之后人的好几个器官都觉得不舒服，例如打喷嚏、流鼻涕，或者是头昏脑涨、发热，这都是看似强大的人体很难抵抗和战胜的。

总而言之，对于团队的管理者而言，每时每刻都要坚持做的事情就是杜绝任何破坏。众所周知，构建团队的大厦需要漫长的时间，而要想破坏团队却很容易。曾经有人说，一个艺术家花费漫长的时间雕刻出来的雕塑，驴子一脚就能将其踩碎。从这个角度看，如果不能把驴子从团队中剔除出去，哪怕有再多的艺术家全力创造雕塑，也经不起驴子的左一脚，右一脚。所以作为管理者，尤其是在面对新员工的时候，更要瞪大眼睛，消灭害群之马，还团队一个清净的环境，也使得所有团队成员团结一心，齐心协力，从而让团队获得巨大的进步。总而言之，高情商的管理者不会任由"一头驴子"留在自己的团队里搞破坏，而是会为了维护自己耗费心血建立的团队倾尽全力，也竭尽所能清除害群之马。

需要注意的是，清除害群之马也要讲究适当的分寸，千万不要草木皆兵。凡事过犹不及，如果过于敏感，不能容忍新员工任何小小的缺点和不足，那么显而易见管理者根本无法招兵买马。所谓金无足赤，人无完人，任何人都是既有优点也有缺点的。作为管理者，要注意区分新员工的小小缺点和不足，不要轻易就认定新员工是害群之马。

为了保证在清除害群之马时，整个团队能够保持稳定，管理者还要建立团队的共同价值观。在至少两人的团队中，不同的个体之所以能够团结一致，就是因为他们拥有共同的信念和共同的价值观。共同信念指的是每个人的信念都相同，而共同的价值观则意味着每个人的价值追求都是相似的。哪怕对于同一件事，不同的人追求的价值也不可能完全相同。退一步而言，就算他们追求的价值观相同，他们对于价值观的轻重理解和追求的力度也必然不同。所谓共同价值观，指的是在一个团队中，其他成员都能认可和接受某个成员追求的价值。所以当一个成员追求的价值会损害另一个成员的利益时，该成员追求的价值就不是共同价值观。反之，假如这个团队里的所有成员一致同意做某件事，大家的利益一致，那么这个团队就拥有了共同价值观。

毫无疑问，在现代职场上，团队管理对于管理者而言是工作的重中之重。管理者要学会把团队始终置于天平上，从而持之以恒地对人才进行甄别，进而做到引导优秀的新员工不断进步，努力奋进，帮助落后的新员工加快进步的速度。而唯有对破坏团队团结、给团队带来负能量、对工作三心二意且心不在焉的新员工，管理者才需要下定决心清除。

8. 坚决纠正新员工的习惯性错误

很多父母都知道，孩子的一年级是至关重要的，因为这恰恰是养成良好学习习惯的关键时期，一旦养成错误的学习习惯，将会影响孩子未来的学习，导致孩子在学习上事倍功半。由此可见，习惯的力量是巨大的，而且好习惯的建立也需要漫长的时间。与好习惯恰恰相反，坏习惯的建立非常容易，甚至只需要极其短暂的时间。这是因为人们要想学好很难，必须战胜自身的劣根性，而所谓的坏习惯恰恰符合人的本性，也倾向于人的劣根性，甚至不用过于刻意去学习，就能轻而易举养成。在这种情况下，作为管理者，在培养新员工的时候，一定要像对待一年级的小学生那样，引导新员工坚持正确的行为习惯，从而最终养成好习惯。而对于新员工原本就有的坏习惯或者不经意间形成的坏习惯，高情商的管理者绝不姑息，而是会坚决纠正。因为他们很清楚，习惯性错误一旦养成，将会给员工未来的工作带来极大的困扰，也会导致员工在工作上效率低下，事倍功半。

遗憾的是，在职场上，大多数新员工，甚至包括老员工在内，对于坏习惯都缺乏正确认识，对于自己的习惯性错误也总是非常"宽容"。高情商的管理者知道，新员工养成习惯性错误之后，还会对身边的人起到负面的影响作用。所以不管是对于新员工自己，还是出于建设团队的考虑，管理者都要坚决纠正新员工的习惯性错误，从而让他们对待工作更加认真严谨，提升效率，取得一定的成就，获得更好的发展。

一天，办公室马主任准备大量采购办公用品，因而让新来的助理刘翠为他准备了一份清单。不想，在拿到刘翠准备的清单之后，马主任简直觉得脑袋都疼

了。原本办公用品清单是一目了然的清单，根本不需要进行任何文字的组织和润色，只要做到看起来清清楚楚就可以了。但是，刘翠尽管是中文本科毕业的高材生，但却连最简单的清单都做不好。

清单上有好几处错别字，这也就不说了，但是刘翠还把很多办公用品的型号和尺寸都弄错了。尤其是在汇总的栏目，刘翠和以前一样又犯了好几处计算上的错误，导致马主任看了好几遍，也没有把数量和金钱数都整理清楚。马主任不由得紧皱眉头。他意识到自己不能继续包容刘翠了，否则刘翠哪怕再工作一个月，也依然会犯这样的低级错误。因为马主任早就意识到刘翠的问题，那就是粗心大意，但是他一直觉得无关紧要，也担心因为这个小问题伤害刘翠的自尊，所以勉强忍住没说。如此看来，时间的流逝并不能让刘翠的工作表现更好，所以马主任当机立断，把清单上错误的地方全都用醒目的红笔圈点起来，然后喊来刘翠看。马主任一句话都没说，只是把文件给刘翠看。看着自己十分钟之前刚刚交上来的清单居然有这么多的错误，刘翠不由得脸红了。她嗫嚅着说："对不起，马主任。"马主任问："你知道自己错在哪里吗？"刘翠说："有的字写错了，有的地方算错了。"马主任摇摇头，说："这只是你的表面错误。实际上，你犯相同的错误已经不止一次了，我一直觉得随着你对工作越来越熟悉，应该能够改过来。如此看来我错了，因为两个月过去，我发现你已经习惯犯这样的低级错误，但是我却再也不能忍耐下去。下不为例，好吧！"刘翠一语不发，接连点头。

在这个事例中，马主任最生气的不是刘翠犯这样低级的错误，而是因为刘翠已经不止一次犯这样低级的错误，而且从未意识到自己的错误，更没有主动改正错误。长此以往，虽然刘翠的错误不是很大，但是却已经发展成为习惯性错误，而这样的计算错误如果出现在正式的合同中，就不是把购置清单算错这么简单了，而是会给公司造成严重的损失。所以马主任马上意识到自己此前不重视这个问题是错误的，意识到应该纠正刘翠的习惯性错误。

　　当然，在给新员工指出错误之后，对于能够积极改正错误的人，我们应该留意到他们为了改正错误付出的努力，也要及时肯定和表扬他们，从而让他们对于自己的错误更加积极改正。当然，这一切的前提是要让新员工意识到自己所犯的习惯性错误将会带来多么严重的后果。否则，如果员工对于自己所犯的一切错误都不以为然，那么哪怕管理者给他们指出错误，他们也会完全不放在心上，甚至对于管理者的提醒和点拨心怀抱怨。这样一来，一切就会事与愿违。所以高情商的管理者不会轻视新员工的习惯性错误，而是首先让新员工意识到问题出在哪里，再帮助他们端正心态，也让他们意识到唯有积极改正，才能避免酿成更严重的后果。如此一来，管理者的工作才能事半功倍。

第八章

带领团队，总会遇到各种疑难杂症

　　每一个管理者都深深知道，要想把人带成才，把整个团队都带出来，总是会遇到各种各样的困难。这是因为在这个世界上，管人的工作是难度最大的工作，人心是最深不可测的。所以作为管理者，必须做好心理准备，面对工作中的各种疑难杂症，所谓兵来将挡，水来土掩，唯有让一切都水到渠成，管理工作才能事半功倍。

1. 以身作则，让庸才变成将才

毋庸置疑，每一个管理者都希望自己所带领的团队中都是精兵强将，殊不知，想要做到这一点并不容易，因为几乎在每一个团队中，既有出类拔萃的人才，也有平庸的、碌碌无为的庸才。而管理者的工作除了要管理好整个团队之外，更要学会带人，把庸才变成将才，才能让管理工作效率更高，也才能带领整个团队做出更大的成就。

每个人的人生都像是爬山，从山脚到达顶峰，需要漫长的过程。很多爬过山的人都知道，登顶的过程不但要付出极大的努力，而且需要坚韧不拔的顽强毅力。尤其是越到山顶的地方，道路也就更加狭窄，要想捷足先登当然更困难。工作也如同爬山，只有少数人才能在工作中有特别出色的表现。而且现代职场竞争激烈，一味地努力未必能够做出好成就，还要用心付出，多多谋划，才能最终获得好的发展。那么作为管理者，既然自身并不真正从事业务，就要通过培养团队的成员，让每一个员工都表现出色，才能让整个团队更令人瞩目。遗憾的是，很多管理者都不明白这个道理，他们或者在工作中事必躬亲，或者总是高高在上，对员工颐指气使。这样一来，不管他们的智商和情商如何，他们都未必能够在职业生涯中获得好的发展，因为他们根本不懂得协调自己与工作的关系，更不知道怎样才能让一切都水到渠成、顺理成章。

有些管理者对工作真的已经竭尽全力了，他们甚至调动所有的资源，而且时刻提醒自己不要骄傲自大。殊不知，过度谦虚对工作也会产生负面影响。试想，如果作为管理者都缺乏自信，不管面对怎样的工作情况都不断地退缩，那么他们如何才能以身作则，带动团队的成员也拼尽全力投入工作呢？很多管理者都梦想着自己有朝一日能够成为不折不扣的领导者，那么就更要提升和完善自我，从而为所有的团队成员树立榜样，让团队成员在自己潜移默化的影响下也不断进步，获得成长和成熟。所以高情商的管理者不会一味地为员工代劳，也不会总是否定自己，遇到任何事情都优柔寡断。相反，他们面对工作充满信心，而且雷厉风行、当机立断。在军营里，人们常说有什么样的将领，就有什么样的士兵。在职场上，我们也要说，有什么样的管理者，就有什么样的员工。因而管理者不要再抱怨员工无法成就自己，或者对待工作犹豫不决，要首先反思自己是否已经给员工树立了榜样，起到了带头作用。

一个人有能力，且得到肯定，才能有自信。要想让孩子长大之后拥有自信，作为父母，就要避免以错误的观点误导孩子，或者以错误的教育方式对待孩子。这样一来，孩子长大成人之后必然缺乏自信，因为他们根本没有机会培养自信，更不可能拥有自信。所以父母在教养孩子的过程中一定要未雨绸缪，不妨试着问问自己：孩子在今天得到了多少次肯定或者是否定，到底是肯定的次数多还是否定的次数多？如果说5000次肯定才能让孩子有自信，那么当孩子在成长过程中只得到3000次肯定，他必须在成年以后补足2000次肯定，才能拥有自信。假如一个人遗憾地在成长过程中缺乏肯定，那么他的人生就会郁郁寡欢，甚至与失败结缘，与此同时，他的沮丧和绝望也会日益严重。

古人云，高处不胜寒。那么作为管理者，是否也经常觉得自己身居高位，非常寂寞呢？如果真的有这样的感觉，那只能说明管理者已经脱离了员工的基础，变得清高孤傲，也失去了发展的可能。如果作为管理者，你并没有这样的感觉，那么恭喜你，因为你还深深扎根于员工的基础，未来也必然在工作上有更好的表现。实际上，作为管理者，不管是与员工走得过近还是过远，都是不合时宜的，也无法对工作起到积极的帮助作用。所谓凡事皆有度，过犹不及。管理者唯有把握好与员工的适度距离，才能既亲近员工，也在员工心目中有威信，最终影响员工，帮助员工快速成长和成熟起来。

　　作为部门经理，张宇在工作中总会遇到各种各样的难题，而最让他头疼的，就是有些员工总是唯唯诺诺，对待工作完全放不开手脚，也导致自身束手束脚，无法得到更好的发展。为了激励员工对工作有所担当，张宇总是鼓励他们，也想出各种激励政策，但是效果始终不太好。

　　这个周末，张宇带着员工刘奔一起出差。因为张宇要和合作伙伴见面商谈重要的事情，所以他安排刘奔与同一城市的另一个小客户见面。刘奔有些胆怯，说："张经理，要是客户突然提出过分的要求，我应该怎么办呢？"张宇毫不迟疑地回答："我不是已经把合作的底线告诉你了吗？你自己看情况决定吧，不用向我汇报。"刘奔忐忑不安地去见客户，果然客户不是省油的灯，虽然刘奔已经做出让步，但是客户依然对刘奔咄咄逼人。最终，客户逼近了刘奔的底线，最终与刘奔达成协议。刘奔突然想到：虽然张经理告诉我的底线就是这样，但是如果真的以底线签约，会不会显得我很没有魄力呢？为此，刘奔临时告诉客户："那就暂定合作的事宜吧，我现在去请示上级，如果上级没意见，我明天与您正式签订合同。"回到酒店，张宇恰巧正在与那个重要的客户通电话。看起来，他们白天应该也谈得比较顺利，而张宇显然在等大客户通知签约的时间。在电话中，张宇和大客户谈笑风生。对于大客户提出的要求，如果不是特别重要的，张宇就直接拍板："好吧，刘总，我就舍命陪君子。虽然我只是个打工的，但是我钦佩您，我就将在外军令有所不受吧，您的要求我答应了，哪怕回到公司被批评了，为了您我也在所不惜。"刘奔在一旁认真地听着，感受着张宇的气度，不由得暗自羞愧。打完电话，张宇问刘奔的情况，刘奔打定主意第二天和客户签约，因而对张宇说："客户比较谨慎，提出的要求也很苛刻，不过我坚守底线，所以已经达成口头协议。他们今晚会准备签约的文件，明天正式签约。"对于刘奔的表现，张

宇高兴地说："对嘛，这样才像我张宇的人。"

　　如果不是看到张宇"谈笑间樯橹灰飞烟灭"，也许刘奔还会继续请示。而在看到张宇的气度之后，刘奔这才打定主意行使自己的权利，从而肩负起自己的责任。现代职场，分工明确，责任也界定清晰。在这种情况下，每个员工都要勇敢一些，承担起责任，而不要大事小事都一律请示管理者。这样不但会把管理者弄得很烦，也会导致自身的发展受到局限。当然，从管理者的角度而言，为了培养员工的独立性，提升员工的能力和水平，千万不要像溺爱孩子的父母总是为孩子代劳一样，凡事都亲力亲为，坚决不让员工去做。目前来看，也许员工的工作能力还很差，工作也达不到管理者要求的标准，但是谁不是从错误中成长起来的呢？如果一个员工能力超群，轻而易举就能搞定一切事情，那么还要管理者做什么呢？

　　从这个角度而言，管理者应该把握好合适的管理尺度，更要学会对员工放手，给员工犯错和成长的机会。唯有如此，员工才会不断成长，管理者也才会随着员工的进步和提升，在工作上拥有得力助手，感到越来越轻松。遗憾的是，现代职场上很多管理者都不能正确定位自己，不管什么事情都必须亲自去做，从不给员工机会历练，必然导致自己心力憔悴，也会导致员工无法成长。作为高情商的管理者，一定懂得对员工放手，也知道必须以身作则，才能让员工更加迅速成长，最终庸才变成将才。

　　那么，现实生活中，缺乏自信的现象为何如此屡见不鲜呢？首先，是因为人类还没有透彻了解自身的情绪感受，尤其是与西方国家的人相比，传统的中国人更不愿意直接面对自己的感受、接纳自己的感受，也不愿意从容接纳自己的内心。这导致很多中国人对于自身的情绪问题都觉得束手无策。相信很多父母都曾经训斥孩子"不要哭，不要乱发脾气"，实际上，父母正在引导孩子向着情绪投降，从此之后再也不理会自身的感受，而一味地引导孩子更多地关注理性，回归理智。试想，假如一个人对自己的情绪感受都无计可施，又怎么可能拥有自信呢？

其次，传统的教育模式下，孩子们普遍没有意识到自我的存在。每当孩子们表现出自身的情绪，父母马上就会否定他们，最终导致他们忽视内心的感受，而一味地关注父母的意见和观点，并且让自己的行为迎合父母。还有的父母让孩子模仿其他孩子，导致孩子最终迷失自我，也就无法建立自我。可想而知，这样的孩子长大成人之后必然迷失自我，也会因为对自我的背弃导致人生遭遇困境。所以作为管理者，首先要接纳自己，坦然面对自身的感受，才能成为人生的强者，也才能带领员工走出心灵的困境。

2. 杜绝员工拖延，管理者要雷厉风行

有什么样的将军，就有什么样的兵；有什么样的管理者，就有什么样的员工。很多时候，管理者总是抱怨员工在工作上表现不好，而自己的管理工作却无法起到有效的作用。那么就要反思自己，扪心自问：我作为员工的标杆和榜样，是否已经做到让自己满意了呢？如今，随着生活节奏的加快，工作压力不断增大，很多员工身上都有拖延的坏毛病。这是因为大多数工作都是按照人头计算薪酬的，换言之，不管员工是非常努力，还是蒙混过关，都拿差不多的薪水。尽管是在市场经济下，这样的情形却有点儿类似大锅饭，一旦管理不到位，就会导致"磨洋工""混日子"的情况出现。

那么，管理者如何才能杜绝员工拖延的情况，从而有效提升工作效率呢？

很多销售行业哪怕制定了严格的提成制度，以此激励员工不遗余力地努力工作，但是却收效甚微。这是因为哪怕有金钱作为奖励，有很多员工也惰性难改，也或者有些员工家境优渥，在工作中根本漫不经心，不以为然，纯粹是为了打发时间才上班的。对于这样的员工，一味地依靠激励或者管理显然是不够的。实际上，人是非常奇怪的，有的人哪怕看到钱不眼红，但是却特别渴望得到他人的认可和赞许。也有的时候，他们还会向自己崇拜的人靠拢。就像在学校里，学生总是对老师言听计从一样，在职场上，尤其是在管理者能力超群、富有人格魅力的情况下，他们的言行也会影响员工，从而使员工心甘情愿地改变。所以要想让员工戒掉拖延的坏习惯，管理者自身首先要养成雷厉风行的好习惯，否则如果连管理者都提不起精神来处理工作，员工必然变本加厉，最终导致整个部门的工作气氛都变得很差。古人云，己所不欲，勿施于人。对于连自己都做不到的事情，管理者当然也没有资格要求员工必须做到。说到这里，高情商的管理者当然知道自己应该怎么做，才能带动整个部门进入热烈的工作氛围中了吧。

　　阿松是个特别慢性子的人，虽然他工作上很努力，每天店里的经纪人都下班了，他作为门店经理依然还在工作，但是他所在的门店销售业绩并不好。阿松并不知道这是为什么，总觉得自己生不逢时，有的时候还会抱怨公司制度不完善。直到有一天，他的门店招聘到一位急脾气的女孩子。这个女孩子走路就像一阵风，说话就像打机关枪，而且做事情效率很高，其他同事一个小时只能打出去几个电话给业主或者客户，但是她却能打出30个电话。虽然销售行业不容易一下子进入状态，但是女孩才来到门店工作半个月，就已经成功卖出去了一套房子。

　　作为女孩的管理者，阿松当然觉得很欣慰，毕竟有一个能干的人，他的全店业绩都会得到大幅度提高。然而，在与女孩相处一段时间之后，阿松才意识到自己的问题出在哪里。原来女孩因为还要照顾父母，所以其他同事晚上八点钟下班，但是女孩六点就下班了。即便如此，女孩工作效率依然是全店最高的，销售业绩也是全店最好的。有一次，阿松和女孩聊天，女孩说："经理，其实从早八点到晚八点，完全是对人的折磨。我觉得如果白天抓紧分分秒秒的时间工作，晚上店里留下一两个人值班就足够了，根本不用每个人都留下来，这么劳累。"阿松觉得女孩说的话很有道理，但是他也担心其他员工哪怕早下班，白天也不愿意不遗余力地工作。为此，阿松制定了工作量化表，并且规定只要有效完成工作量的，晚上可以六点下班。对于这项规定，员工们一开始很拥护，后来却渐渐变得懈怠，因为阿松几乎每天晚上都要九点多才下班，而有些员工哪怕已经完成了工作任务，因为看到阿松没走，也不太好意思离开。

对于阿松而言，他虽然在管理上采取了有效的措施，但是自己却还没有改变。他不知道的是，他的言行举止对于员工有很大的影响力，而一味地依靠制度，并不能使员工们心甘情愿地改变。假如阿松在工作时间里也能雷厉风行，像女孩一样行如风，那么相信整个店里的气氛都会变得热烈起来，也不会如同即将熄灭的火苗一样奄奄一息了。

父母如果自己做不到的事情，就不要要求孩子；老师自己达不到的标准，就不要教授学生；管理者如果自己都慢慢吞吞如同蜗牛，又如何能够让员工打起精神来争分夺秒地奋力拼搏呢？很多人都喜欢模仿他人，尤其是当对方是自己崇拜的人时，模仿的力量会更加强大。所以作为管理者，要想让员工戒除拖延，自己首先要迅速行动，雷厉风行，从而让员工的改变也水到渠成。

3. 面对升职加薪的请求，如何婉拒

现代社会很少有活雷锋，尤其是在职场上，几乎每个员工工作的目的除了发展自己之外，最现实的就是要换取薪酬，从而支撑自己的物质生活，让自己更好地活下去。为此，升职加薪成为职场上老生常谈的话题，作为员工，如果很内向腼腆，总是不知道如何理所当然提出自己的加薪请求；作为管理者，实际上也和员工一样为难，因为他们不知道面对员工升职加薪的请求如何委婉拒绝，与此同时他们也不愿意失去一个优秀的员工。不得不说，这是个左右为难、进退两难的问题。要想改变这样的状况，管理者就必须深谙员工心理，知道员工想在工作中得到怎样的发展。

实际上，尽管这是一个物质的社会，而且每个人一旦离开了金钱和物质就无法生存下去，但是依然有很多员工心中怀有憧憬，也对自己的未来充满幻想。正如人们常说的，对于工作，薪酬当然很重要，但是却不是最重要的。只要把握这一点，管理者就能引导员工从积极的方面考虑问题，而不会一味地盯着薪酬。除此之外，管理者还要让员工看到希望。有的管理者情商很低，在拒绝员工的升职加薪请求时，非但不注意安抚员工受伤的心，反而还对员工恶言恶语，可想而知，对于这样不近人情的管理者，没有员工会喜欢。

人们常说，会说的人说得人笑，不会说的人说得人跳。同样一句话，换作不同的人说，或者是由同一个人以不同的语气说出来，起到的作用和效果是完全不同的。管理者一定要摆正心态，不要对员工颐指气使，哪怕管理者职位再高，如果手底下没有能干的人，也会成为光杆司令，丝毫不值得骄傲。与此相反，哪怕管理者职位不高，但是只要有优质的团队，那么假以时日，他就能做出成就，获得晋升。所以说，管理者既要从高度上管理员工，也要借助于员工的优秀表现提升自己。正所谓水能载舟，亦能覆舟，如今的职场从不提倡个人英雄主义，而是主张团结协作。作为管理者，尽管高于团队，却也同样是团队的一员，也必须真正融入团队，才能最大限度实现自身的价值，成就自己。基于这样的心理，在员工提出升职加薪的请求时，管理者必须慎重对待。

首先，如果觉得员工的确应该得到更高的职位和更好的待遇，那么管理者就可以为员工代言，向公司高层管理者申请。其次，如果管理者觉得员工的表现还没有好到升职加薪的地步，那么管理者也不要打击员工，而是要注意保护员工的自尊心，同时激励员工更加努力。一定要注意的是，千万不要挖苦讽刺员工，而要认识到员工要求升职加薪完全是正当的，而且每一位员工都凭着自己的劳动吃饭，与管理者完全平等，所以也不要轻视员工。最后，管理者如果觉得公司的确有实际困难，也要对员工的努力付出表示认可和感谢，然后再告诉员工公司正处于艰难的阶段，希望员工能够多多体谅，从而与公司共渡难关。这样一来，员工如果愿意继续留在公司，一定会与管理者齐心协力，帮助公司渡过难关。而如果员工选择离开，奔向更好的前途，管理者也应该表示理解和尊重。总而言之，如今员工和公司之间是双向选择的关系，不管员工做出怎样的决定，都是合理且正当的，都应该得到管理者的理解和支持。

春节之前，已经进入公司五年的小宇决定向老板提出升职加薪的请求。原来，小宇最初来公司的时候，公司规模还很小，并没有得到很好的发展。在这五年的时间里，小宇一心扑在工作上，也付出了自己最年富力强的青春年华，但是老板却始终不提给小宇加薪的事情。一开始，小宇体谅公司正处于发展阶段，也觉得自己刚刚大学毕业，缺乏工作经验，所以也从未提起。现在，小宇也要结婚成家了，也需要赡养家人，当然不会继续这样下去。

借着春节放假前进行年度总结的机会，小宇在工作报告中写道："尊敬的马总，不知不觉间，我已经来到公司五年了，亲眼见证了公司从小公司起家，不断发展壮大，到如今已经规模可观。这五年来，我非常感谢公司，因为我伴着公司一起成长，也从刚刚毕业的毛头小伙子，成为如今有能力有经验的职场人士。我的优秀，离不开公司一直以来的栽培，我很愿意继续在公司工作下去，因为在我心里，这早已是我的第二家园。遗憾的是，年纪不饶人，我即将要结束单身狗的生活，从此之后步入婚姻。这当然是幸福的，也是大多数人人生的必经阶段。然而，与此同时，我肩负的责任也更重了，我需要更多的薪水养家糊口。所以特意向您提出不情之请，希望您给我加薪，这样我才能继续留在这里工作，每天都看到熟悉的同事。"其实老板也是有准备给小宇加薪的，但是显然现在时机不适宜。为此，老板对小宇说："小宇，你为公司的付出，我当然是看得见的。不过公司过完年要进行改制，我准备给你升职。你看，能不能把加薪的事情和升职同步进行了，因为这样不容易导致其他同事心中不平衡。"老板的话很有道理，而且听到老板要给自己加薪，小宇觉得非常高兴。就这样，小宇被延缓加薪，他非但不生气，反而还特别感激老板呢！

毫无疑问，小宇也是一个情商很高的员工，他的工作汇报中关于升职加薪的请求说得合情合理，让老板也根本无法拒绝。不过，老板更高明，而且情商更高。他做了个顺水人情，不但把小宇的加薪延后了，而且还说得小宇心花怒放，无比期待自己升职加薪的那一天。

人与人之间最重要的在于交流，只要交流到位了，很多棘手的问题就都能得到解决。与此相反，如果交流不到位，哪怕是关系亲密无间的人之间也难免会产生误解，最终导致事与愿违。作为高情商的管理者，面对员工升职加薪的请求，一定要表示谅解，因为管理者自身也是从普通的员工做起，也一定有过相似的心路历程。人在职场，原本就很艰难，如果管理者对于员工多一些理解和体谅，相信员工也会同样回馈于管理者。

4. 如何应对企业危机

人们常说，商场如同战场，实际上的确如此。在现代社会的商场中，变化几乎无所不在，也每分每秒都在发生。有的时候，变化来得非常快，甚至使人根本无暇做出反应。那么作为企业的管理者，在遭遇重大危机的时刻，如何才能及时果断做出决策，从而带领整个企业走出危机的困扰，也平复危机带来的负面影响呢？古今中外，因为危机导致企业倒闭的事情并不少见，这些危机或者来自员工，或者来自突发的恶性事件，或者来自某个阶层的领导者。对于这种情况，管理者必须拥有很好的心理素质，才能在危机发生的时候调整好心态，从容面对。

打比方来说，假如我们居住在某个海洋领域内的小岛上，每天小岛的风都很轻柔，但是我们知道早晚有一天会发生海洋飓风。在这种情况下，我们就要做好预案，甚至采取一定的防护措施，才能最大限度保护自己，也让自己变得更从容。当然，有些危机是可以预见的，而有些危机的发生甚至毫无征兆。在这种情况下，管理者必须沉着冷静，机智果断，而且要当机立断，才能在第一时间做出正确的反应和决断，避免情况继续恶化。总而言之，人生原本就充满了无常，更何况职场之中充斥着各种错综复杂的利益关系。这也对管理者提出了更高的要求，即管理者必须有能力、有魄力、有毅力，才能带领整个团队顺利度过危机，迎来更好的发展。

　　实际上，作为一个经验丰富的管理者，在长期的工作过程中对于危机的预见性也会水涨船高。他们能够预见危机，也能够在危机之中找到解决的办法。在面对突发的事件时，他们也因为曾经做过正式的预案，或者因为在心中设想过类似的情形，而不至于手足无措。这就是管理者的魅力，也是管理者的先见之明在起作用。

　　当然，管理者还必须意识到，不管企业发生了多么紧急的、不可预料的事情，他都不是孤军奋战。很多管理者总是过于夸大自己的重要位置，而把员工看得很轻。正如人们常说的，三个臭皮匠，赛过诸葛亮。其实如果管理者能够把所有成员都凝聚成一股力量，大家万众一心，必然众志成城。

　　作为一家医疗用品公司的董事长，刘军也同时兼任总经理。每天，他都有很多事情需要处理，也总是和团队的伙伴们一起解决问题。有一次，刘军正在办公，突然办公桌上的电话急促地响了起来。刘军拿起听筒，电话里传来他最大的客户怒气冲冲、喋喋不休的抱怨。原来，这位客户订购的医疗器械出现了问题，他已经找了当时负责把器械销售给他的销售员，甚至打电话去了公司的客户服务部，但是都被搪塞了。不管是销售员，还是客户服务部，全都无法解决他的问题，最糟糕的是，他们还在客户面前相互推诿责任，导致客户更加火冒三丈。

　　一气之下，客户把电话打到刘军的办公桌上。客户在电话那头喊道："我倒是要看看，你到底还能把责任推给谁，我也想知道，究竟谁能帮我解决问题？！"刘军第一时间就安抚客户，但是客户依然怒不可遏地说要终止和刘军公司的合作。刘军还能怎么办呢？在和客户结束通话之后，他第一时间找来销售部和售后部的负责人，开了个碰头会。销售经理听完刘军的介绍之后，第一时间主动承担责任："刘总，很抱歉，我们的销售人员服务不到位，导致惊扰了您。我开完会就会整改他们，这样的情况绝不会再发生。"这时，新上任的售后部主管说："刘总，这件事情真的不怪我们。销售部的很多销售员没经过严格培训就上岗，根本不了解公司的产品，导致他们在向客户推销产品的时候，总是什么都说，搞得我们售后部非常被动。"听完销售部主管的话，刘军得到了想要的态度，觉得很高兴。但是听完售后部主管的话，刘军只感觉到售后部主管在推卸责任，因而脸色又变得阴沉起来。他闷闷不乐地说："现在不是推卸责任的时候，我希望你也能像销售部主管一样，先反思自己的错误，想办法安抚客户，好吗？"刘军的语气很严厉，售后部主管意识到自己说的话不够恰当，也惭愧地低下了头。

每个团队都是一个整体，刘军当然希望自己的大团队能够团结一心，共渡难关。但是在听到新上任的售后部主管只顾着推卸责任之后，他未免觉得有些生气。其实，作为聪明的管理者，一旦发现公司陷入困境，那么不管是在员工面前，还是在上司面前，他们都会最大限度承担责任。这么做不但可以安抚他人的情绪，帮助他人恢复平静，也能表现出自己有担当的品质，从而得到他人的认可。

当然，不管危机多么急迫，也不管突发情况和事件多么棘手，要想真正解决问题，管理者就要保持平静和理智，不要忙着推卸责任。毕竟凡事都有因果关系，任何问题要想得以解决，就必须追根溯源，找到真正的根源所在。在企业的发展过程中，大大小小的危机时有发生，管理者需要做的不仅仅是维持企业或者团队的正常运转那么简单，而是要驾驭企业这艘大船在时而风平浪静、时而狂风大作的海上航行，带着整船的人平安抵达目的地。

5.管理者与上司的相处之道

如果本身不是老板，那么管理者必然要与上司或者是老板相处。如果不幸遇到一个上司，眼睛里向来只能看到下属的缺点，那么作为管理者又要怎么与上司相处呢？毋庸置疑，人的本能就是趋利避害，几乎每个人都喜欢听到对自己赞赏的话，不愿意被他人批评和否定。但是，每一个心智成熟的人都知道，职场是不可逃避的，即使我们因为对上司不满意而果断辞职，重新换一份工作，但是如果运气不好，很有可能接下来遇到的是一个更糟糕的上司。所以明智的管理者不会逃避上司，而是努力完善自己，尽量适应上司，这样才能让自己的工作一帆风顺地进展下去。

很多管理者因为遇到挑剔苛责的上司而烦恼，尤其是当上司无所顾忌地批评和否定他们时，他们更是恨不得第一时间就逃得远远的，再也不想看到上司。殊不知，这样的管理者根本不可能得到好的发展，甚至他们自身的心智也都不够成熟呢！很多时候，面对无法解决的问题，我们的确需要退步，但是退步的目的不是为了逃避，而是为了避免因为过度关注产生恐慌。所以在面对挑剔的上司无缘无故的指责时，管理者不要忧虑，而要保持平静和理智。在冲动的上司面前，理智的管理者也许会成为解决问题的专家，在了解上司的意图之后，他们也能够做到以平缓的语调安抚上司的情绪。诸如，在一个棘手的问题面前，上司也许会抓狂，管理者只要面带微笑说："我明白您的意思了。放心吧，我会把问题解决好的。接下来，让我们一步一步地解决问题，首先，我们要知道第一步应该做什么，接下来，我们还要考虑到可能出现的最坏情况，从而做好预案。当这一切都做好之后，我们可以放心大胆地往前推进，不管出现什么情况都可以从容应对。"

这么说完之后，相信哪怕是暴跳如雷的上司，听到如此有理有据而且理智的话，也不会继续对管理者怒不可遏了。

有些管理者在被上司无厘头训斥之后，一定会情绪激动，对上司抱怨不已，甚至还会因此导致工作状态发生改变，工作效率极其低下。实际上，上司也是人，不是神仙，他们只是职位比我们更高，但是不代表他们就是无所不能的，也不代表他们解决问题的能力就一定比我们更强。在这种情况下，面对上司的过激反应，理智的管理者不会和上司一起发狂，而是努力帮助上司恢复平静，自己也始终保持理智。有人说，愤怒会使人的智商瞬间降低为零。所以聪明的管理者当然不会让自己智商为零，而是会继续保持清醒，也引导上司与自己一起找到合理的解决方案。

也许有些管理者不够自信，他们总觉得面对上司的时候自己职位更低，所以不敢轻易发表自己的意见和看法。殊不知，管理者尽管职位没有上司高，但是人格与上司完全平等。实际上，管理者与上司的关系，也是人际关系的一种。既然如此，管理者与上司的关系，也要符合人际关系的要求，作为人际交往的其中一方，管理者也完全有责任和义务帮助上司恢复理智，协调好自己与上司之间的关系。

当然，凡事皆有度。上司毕竟是上司，在与上司相处时，最起码的尊重是一定要有的。否则，如果管理者对上司不够尊重，那么自然也无法得到上司的尊重，这是人与人之间的相处之道。所以哪怕是面对敏感型或者忧虑型上司，管理者也要保持淡然。当上司情绪冲动时，高情商的管理者不会与上司针锋相对，而是首先认可上司的观点和意见，接下来再想办法改变上司的执念。有些管理者情商很低，总是和上司针锋相对地争吵。殊不知，这样的争吵对于管理者没有任何好处，而上司也会因为被伤害了面子，导致对管理者心怀不满。

分公司新调来一个老总，所谓新官上任三把火，老总刚刚到岗，就召开了

会议，与每一位中层管理者相互介绍，彼此认识，从而为展开工作奠定基础。因而，很多中层管理者都对老总留下了良好的印象。

在一个周一的例会上，老总专门在会后召开了交流会。老总："我初来乍到公司，在座的每一位都是我的前辈。虽然我在其他公司工作过很长时间，但是对这家公司还不够熟悉。所以希望大家都多多关照我，如果发现我在工作上有什么不足的地方，也及时为我指出来。接下来距离下班还有半个小时，我们既然也已经相处一个月了，就请大家知无不言、言无不尽，给我指出缺点和不足吧。"老总话音刚落，大多数管理者都面面相觑，谁也不想说什么。正当气氛显得很尴尬时，有位得到晋升才两个月的新任管理者突然站起来，说："老总，我觉得你整体表现都很好，不过有几点需要注意。首先，最好不要加班，因为除了小年轻之外，办公室里大多数都是有老有小的同事，所以需要照顾家庭。经常加班的话，大家当然会觉得很难安排好工作与生活。其次，我觉得您应该多为我们团队争取利益。诸如前几天公司里有一个非常好的项目，如果您能争取来的话，我们把项目做好，不就能成为金质团队了么！最后，我建议您可以请大家吃饭，哈哈，您从到公司后还没请大家吃饭，大家都等着庆祝您新官到任呢。老总，您可不能小气啊！"这位新任管理者长篇大论地说完，明眼人都看出来，老总虽然脸上还勉强挂着微笑，实际上心里已经在咬牙切齿了。

人在职场，当上司让管理者发表意见的时候，尤其是要指出上司的错误时，管理者千万不要直截了当就当着很多人的面大言不惭地批评上司。高情商的管理者知道，职场上官大一级压死人，任何时候尊重上司都是铁律。因而哪怕上司主动想要得到批评，管理者也不能不知天高地厚，尤其不要当着很多人的面"知无不言，言无不尽"。人人都很爱面子，作为职位更高的上司，当然不愿意在管理者面前把脸面丢尽。其实，管理者完全可以设身处地地想一想：假如我们被一个员工在大庭广众之下批评和否定，我们会觉得如何呢？毫无疑问，不愉快是必然出现的情绪，因而高情商的管理者绝不会肆无忌惮地批评上司，而是会采取更好的方式，或者对上司旁敲侧击，或者自然地引导上司，这都是非常重要的。

有些管理者虽然自己也身处管理的职位，但是他们实际上对上司心怀恐惧，很怕面对上司。其实完全没有必要。上司也是人，不是神仙，也不是怪兽，有什么可怕的呢？作为管理者，只要尽心尽力地把工作做好，从而消除自己内心深处对于上司的恐惧，与上司相处时保持不卑不亢，就会让一切事情都得到圆满解决。此外，在面对沉默的上司时，管理者完全可以把人际相处中的技巧发挥出来，在谈话中占据主导地位，营造良好的谈话氛围，才能使自己与上司的交流更加和谐顺畅。总而言之，职场上的很多关系都非常微妙，尤其是管理者和上司之间更是要相处好才有利于工作的展开。作为管理者，面对上司时要保持心情平静，不卑不亢，也不要因为敏感过度解读上司的言行。人与人相处，最重要的就是相互尊重，真诚对待，彼此平等。管理者与上司的关系，也属于人际关系的一种，当然也要遵循这样的原则。

6. 把人带出来，管理者才能一劳永逸

如何才能让管理工作变得轻松，而且让员工在工作上事半功倍？相信这是每一个管理者费尽心思都想知道和解决的问题。作为高情商的管理者，不但想知道，也会努力去寻找解决的方案，从而让工作效率倍增，也让员工获得成长，做出成就，从而推动整个团队不断进步和发展。然而，这个问题说起来简单，回答

起来却很难。毫无疑问，管理者的工作并不像大多数人所想的那么轻松容易，和员工的工作相比，管理者的工作必须付出更大的努力，才能起到一定的效果。所以如果有些朋友之所以想要晋升成为管理者，是为了只需要动动嘴皮子就能把工作做好，那么就不要再痴心妄想了。因为管理者的工作不但难度很大，而且也需要耗费大量的时间和心血。有些管理者在工作中遇到困难，甚至夜不能寐，不知道如何才能解决问题，更不知道如何才能带着整个团队渡过难关。而这恰恰是管理者必须面对的，也是必须圆满解决的。

比起员工只需要做好自己的分内之事，管理者在工作上要付出更多的时间，投入更多的精力，与此同时还要承担更大的压力。但是，一分耕耘一分收获。管理者职位更高，薪酬也更高，最重要的是在操心受累的过程中，自身也得到更好的成长，对于管理者而言，这不就是最大的收获和最好的回报吗？不过，在职场上，有很多管理者虽然每天都非常忙碌，实际上完全如同没头苍蝇一样四处乱撞，工作上既没有高效率，也不见成效。这种情况下，管理者虽然付出很多的时间和精力，却很平庸。实际上，这样的管理者犯了一个错误，即没有深刻理解管理工作的本质。每一位管理者都应该记住：管理是要调兵遣将，让员工把事情做好，而不是一味地为员工代劳，最终搞得员工总是原地踏步，没有任何进步。

高明的管理者很清楚把员工带出来，让他们能够独立工作，比费尽心思管着员工更重要。当员工成为管理者的左膀右臂，当员工能够独当一面，那么管理者自然会变得更轻松。而且因为员工在工作上的出色表现，管理者也会有所成就，自然水涨船高。所以有些管理者说自己的汗水不应该流在办公室里，而应该流在健身房里，实际上也是有道理的。高情商的管理者更重视团队的基础建设，诸如为员工营造良好的工作氛围，帮助员工创造更好的工作条件，从而使得员工工作的时候心情愉悦，效率倍增，这远远比管理者亲力亲为，为员工做一些工作或者解决小小的难题，来得更好。

　　作为一家公司的老总，张总每天都忙忙碌碌，似乎把自己整个人都卖给了公司。虽然家里的钱越来越多，但是张总的妻子却很不满意。她总是等到半夜也等不到丈夫回家，而孩子们更是已经好几天没有看到父亲了。这是因为张总回家的时候，孩子们已经睡着，而等到张总起床的时候，孩子们又已经起大早去上学了。对于妻子的抱怨、孩子的不满，张总也很无奈。他说自己也想早些回家，但是公司里有处理不完的事情，他又担心自己如果不在公司里守着，会导致员工都心神涣散，工作效率降低，那么最终损失的还是公司的利益。有一次，张总又凌晨才回家，妻子不由得给他下达了最后通牒：家和公司选择一样。张总自然少不了好好安抚妻子，妻子也顾及孩子，无法轻易做出离婚的决定，毕竟他们之间感情是没有问题的，只是因为聚少离多，渐渐生疏了而已。

　　一天，张总又和往常一样工作到深夜才回家，回家之后突然觉得胸口发闷，而且浑身乏力。妻子赶紧打电话叫救护车把张总紧急送到医院，到达医院时，张总的情况已经非常糟糕了，甚至进入浅昏迷。后来才知道，原来张总突发脑溢血，再晚一些也许就有生命危险。这次生病，张总在床上躺了好几个月，他不得不放手公司，把公司交给他人负责。尽管他很担心公司的情况，但是公司里的其他高层管理者却把公司打理得很好。张总不由得惊讶，妻子嗔怪地说："你呀，总以为自己是无所不能的齐天大圣，而把其他人都看得一无是处。你看看，你不在公司，公司不也运转良好么。你现在可是在鬼门关走过一遭的人了。要知道，人挣钱是为了更好地活着，而不是把自己累死。以后，你一定要安排好生活和工作，再也不要不顾命地工作了。万一你有个三长两短，哪怕我和孩子有再多的钱，又有什么用呢？"说着，妻子掉下眼泪，张总也意识到生命无常。恢复健康之后，他不再死死攥住公司不撒手，而是把公司交给其他管理者，自己则闲适有度，享

受生活。

现代职场竞争激烈，商场中更是战火连天，不管是老板还是管理者，实际上都很累。越是在这样的情况下，越是要学会合理安排生活和工作，从而让人生更合理，也能够安然享受人生。事例中的张总，尽管多次遭遇妻子抱怨，却从未反思自己。直到身体敲响警钟，他才不得不停下来，躺在病床上思考人生。幸好突发的脑溢血没有给他造成致命的伤害，否则一切都为之晚矣。当然，这是从生命的角度而言的，毕竟作为管理者也必须关注身体健康，才能有更好的发展。从员工发展的角度而言，如果管理者总是事必躬亲，对于大事小事都不愿意放手，那么即使经历很长时间，员工也无法得到锻炼和成长，必然导致职业生涯的发展受到阻碍。

高情商的管理者既不是员工的保姆，也不是员工的"家长"，所以从来不会为了员工而放弃自己的生活，更不会为了员工导致自己身心憔悴。相反，他们很清楚管理者的工作任务，也知道管理者必须更加坚定不移地学会放手，让员工得到锻炼，才能帮助员工成长。也唯有如此，管理者才能实现自己轻松工作、乐享生活的目标。

附录一

内感官的相关知识

一、内感官类型识别

1. 外感官与内感官

在内感官的帮助下，我们可以把对外在世界的认知系统地储存在脑海中，从而随取随用。运用这些经验的目的，就是让我们的生活更加秩序井然、事半功倍。诸如你与一个陌生人相见，必然会对他的相关信息都铭记于心。等到下次你再见到这个陌生人或者是与陌生人相似的人时，你的脑海中马上就会浮现出初次见到这个陌生人的情形，从而判断再次相遇的人是否是上次见到的陌生人。有的时候，因为大脑提供了好几种选择，你也许会感到犹豫不决。

2. 观察眼球转动测知惯用的内感官

每个人在成长的过程中都离不开感官的作用。视觉型的人擅长用景象进行思考，听觉型的人擅长用声音、说话进行思考，感觉型的人擅长用感受进行思考。假如一个人只能习惯性使用某一个内感官，那么他的言行举止都会表现出性质相同的特征。所以，三种不同内感官类型的人，往往会表现出三种不同的言行举止模式。

NLP 有一个非常有用的技巧，即通过观察一个人的眼球转动，知道这个人正在调用哪个内感官进行思考。每个人思考时都要调动内感官，眼球也会做出不同的转动动作。这是因为内感官神经聚集在大脑中脑干部分的网状组织，而网状组织与牵动眼球的神经也有联系。当某个内感官得以调用时，就会影响相关的眼球神经。通常情况下，眼球的转动分为六个位置：右上、左上、右中、左中、右下和左下。这六个位置各有意义。

大多数人都擅长使用右手，表现出特定的眼球转动模式，而那些喜欢用左手的人（包括小时候用左手而被父母强制纠正的人）眼球转动的模式则恰恰相反。

首先，每个人都要研究自己的思想模式。

（1）内视觉的眼球转动模式在上面（向上看）。当眼睛向左上方看↖，你就在回忆过去，你的脑海中会浮现曾经的情形，叫作视回；当眼睛向右上看↗，则意味着你正在想象，在脑海中会浮现面目崭新的情形；当双眼目不转睛地看着前面，就是凝视，也是前文所说的内视觉。

（2）内听觉分为三个位置：左中←、右中→及左下↙。左中←是在回想之前听到的声音，或者是语言，或者是一首歌，叫作听回。右中→是在发挥想象力创造新的声音，叫作"听创"。左下↙大多数是在喃喃自语，尤其是在独自思考时，这个内感官的运用更为频繁。在重复他人说过的话时，也要用到这个内感官。

（3）内感觉是右下↘，每当激发出回忆中的熟悉味道、情绪体验、触觉经验等感受时，这个内感官就会派上用场，被叫作"感"。

其次，你可以回忆往昔或者畅想未来，从而验证在调动相应的内感官时，你的眼球是否真的如同上文描述的那样转动。你还可以对着镜子进行观察，从而知道他人在你眼前转动眼球意味着他们正在调动哪个内感官。当然，因为镜面作用，你所观察到的左右方向会与现象表现出来的恰恰相反。

3. 从所用文字测知惯用的内感官

观察对方的文字，也能帮助我们了解对方调用的内感官。通常情况下，视觉型的人更擅长描写视觉，听觉型的人会更多地描写听觉，而感觉型的人则更注重自己内心的感受和体验。一个人如果内视觉强，而内听觉比较弱，他往往会更注重视觉型文字的运用，而很容易忽视听觉型文字。对于其他内感官类型的人，同样是这样有所侧重和有所忽略的。不同内感官类型的人在日常生活中表达时，也因为总是惯用某种类感官，所以语言也表现出鲜明的特点。

一个视觉型的人常常说：

"你怎么看待这件事？"

"如何，你能看得透事情的本质吗？"

"前途一片光明，但还需要艰难跋涉。"

"花坛绚烂多彩，让人看不过来呢！"

"她就像花儿一样美丽。"

一个听觉型的人常常说：

"让我们讨论一番，如何？"

"你了解事情的细节吗？"

"我们一定还会听到很多反对的声音。"

"发言的人都慷慨陈词，胆怯地阐述真理。"

"她说话很动听，句句打动人心。"

一个感觉型的人常常说：

"你觉得这件事情如何？"

"你认为事情这样处理，可以吗？"

"革命尚未成功，同志尚需努力。"

"办事情的人尽心尽力，得到了大家的一致好评。"

"她很细心，柔情似水。"

有的时候，说话时会调动不止一个感官，甚至在一句话里会出现三种不同的感官，语言也因此会显得更加生动。例如，"我们还没找到足够的信息（听觉），但是不用担忧（感觉），因为希望就在眼前（视觉）""很多人都在会议过程中踊跃发言，各抒己见（听觉），但是主办人没有远见卓识（视觉），使很多与会者都大失所望，愤然离场（感觉）"。

有些文章充满魅力，让人读起来欲罢不能，就是因为文字里交叉着对三种内感官的描述。与其相反，那些读来让人生厌的文章，不但内容枯燥乏味，而且作者很少运用内感官类型的文字，或者对某种内感官类型过于偏爱，频繁使用。为了验证内感官文字的作用，不如先以干巴巴的语调讲述一个故事，然后再加上各种生动的内感官描述，再次讲述同样的故事。你一定会发现，这两个故事尽管大意相同，但是给予听者的感受却截然不同。显而易见，后者会更具有吸引力，也更加引人入胜。

4. 从行为模式测知惯用的内感官

除了眼球转动不同，使用的内感官文字也不同之外，如果一个人习惯性使用某一个内感官，还会在言行举止的模式上表现出固定的特征。

视觉型内感官：

习惯使用内视觉的人很善于观察，因为眼睛可以马上看到事情的情况，而且在短时间内搜集到更多的信息。日久天长，内视觉的人会表现出如下特征：

（1）昂首挺胸、动作敏捷、手的动作大多在胸部以上展开，而且非常细致入微。

（2）喜欢生动活泼、颜色艳丽、外型美丽的人、事与物体。

（3）在同一时间内，可以兼顾好几项事务，并且为此感到骄傲。

（4）喜欢事物变化多样，线条优美，节奏明快。

（5）要求环境清洁，摆设整齐。

（6）喜欢做小动作，总是心神不宁。

（7）衣冠楚楚，衣服的颜色协调。

（8）说话声音短促而快，声调平板，不喜欢长篇大论。

（9）批评他人说话时，主要是对他人说话的时间、速度感到不满。

（10）说话开门见山，一语中的。

（11）说话声音响亮，语速很快。

（12）注重大局，不注重小节。

（13）呼吸又快又浅，是浅表呼吸。

听觉型内感官

习惯使用内听觉的人很善于聆听，也很爱思考。渐渐地，他们的听力越来越强，导致他们的言行举止模式表现出以下特征：

（1）呼吸舒缓而又稳定。

（2）说话不厌其烦，滔滔不绝，偶尔会出现内容重复拖沓的情况。

（3）关注事情的细节。

（4）厌恶噪声，喜欢安静，也喜欢鉴赏音乐。

（5）字斟句酌，对遣词造句非常用心，不能接受错字。

（6）行为方面极富节奏感。

（7）做事情井井有条，按部就班。

（8）说话时，侧重于对声音的描述，也常用拟声词。例如，哈哈大笑。

（9）说话时，常常使用连接词，例如"之所以这样，是因为……"。

（10）说话时，声音优美动听，抑扬顿挫，歌喉犹如天籁之音。

（11）既擅长倾听他人，也希望得到他人的倾听。

（12）常常把头歪向一边，经常用一只手按住自己的嘴巴或托住自己的耳朵，手或脚情不自禁地打拍子，走路速度适中，富有节奏和韵律感。

感觉型内感官

习惯调用感觉的人待人处事都很用心，也很真诚，他们感觉敏锐，因而言行举止的模式有以下特征：

（1）关注自己的感受，想与他人交好，但人际关系紧张。

（2）渴望得到他人的关注和关爱，注重情感。

（3）忽视视觉和听觉，重视意义和感觉。

（4）经常低头思考，举止沉稳，手势常常在胸部以下做出，动作舒缓而优美。

（5）安静地坐着，低头，从不手舞足蹈，而且鲜有动作。

（6）说话语速很慢，声音低沉，喜欢说关于人生理想和价值观的话题。

（7）不喜欢多说话，能够始终安静地坐在某个地方。

（8）说话时更多地强调感受、经验。

（9）至少两三次才能说完一句话。

（10）批评他人时，不满主要体现在他人的态度和自身的感受方面。

（11）呼吸很深，缓慢而深入，气息能够到达腹部。

（12）尤其重视身体接触。

二、内感官类型特性与配合

1. 与惯用内视觉的人配合

内视觉的人相信自己看到的一切，也以眼睛作为人生的先驱。因而与内视觉的人相处时，要让自己的言行举止更符合他们眼睛的需要。

（1）内视觉的人无法长久保持注意力，因此说话要简明扼要，富有节奏感，让对方感到轻松。

（2）说话时，发挥手势的作用，以手势作为辅助，向内视觉的人描述具体而又生动的事情。

（3）事物越是瞬息万变，越容易吸引内视觉的人。

（4）内视觉的人更喜欢看动的东西，诸如可以用图画、图表、样本等作为辅助表达工具。

（5）内视觉的人喜欢鲜艳的颜色。

（6）用生动形象的事例激发内视觉的人展开想象。

（7）摆放物品注意位置，要摆放整齐。

（8）以身示范，比一味地说教更好。

（9）不要长篇大论，尽量少用文字。

（10）描述中多多使用视觉型词语。

（11）很容易被美的东西吸引。

（12）他很喜欢鲜花和礼物。

（13）讨论事情时，问他的感受和意见。

2. 与惯用内听觉的人配合

习惯使用内听觉的人，总是耳朵先行，并且经常在脑海中自说自话。

（1）经常与他们交谈，认真聆听他们。

（2）注重语言表达的变化，诸如声调高低、语速快慢，从而准确到位地表达意思。

（3）安静优雅的环境，配上轻柔的音乐更好。

（4）说话做事要有条理性，步步为营。

（5）列明各项规则和做法，对重点的内容多分点讲述，力求论述清楚。

（6）让他重复你的话，你也可以重复他的话。

（7）经常与他进行书信、电话、传真等往来。

（8）经常陈述规则与指示，以权威人士的话说服他。

（9）讨论之后，要以信件或会议记录作为补充。

（10）说话最好朗朗上口。

（11）措辞得体、言语温和的人对他最具吸引力。

（12）他很喜欢看到你温良谦恭的语言或者文字。

（13）讨论事情时，问他有无需要补充的。

3. 与惯用内感觉的人配合

习惯使用内感觉的人用心认识和面对世界，因而要注重他们的内心感受和情绪情感。

（1）频繁与他见面，友好对待他。

（2）多多了解他的内心，满足他被了解和接受的渴望。

（3）好汉也提当年勇，常常说起过往，总结人生经验。

（4）他只在乎感觉。

（5）他希望受人瞩目，也希望德高望重。

（6）经常与他谈论人生的经验和感悟。

（7）以人为本，强调人的价值。

（8）让他接触真正的东西或者他需要面对的人。

（9）他喜欢凡事亲力亲为，亲身体验。

（10）说话平缓而又低沉。

（11）他喜欢高贵、气质优雅的人。

（12）与熟悉的人亲密接触让他开心，不熟悉的人送的小礼物也会给他意外的惊喜。

（13）讨论事情时，问他的感受和预期，或者问他是否担心、担心什么。

附录二

NLP 的学习资料

一、什么是 NLP

NLP 包含的三个字母看似完全独立，毫无关联，其实每个字母都有特定的含义。N 代表神经。在认识思维模式的基础上，我们可以选择有助于增强人生品质的思维。L 代表语言。语言是思想的外衣，也能够影响自己和他人的行为模式。要想让沟通变得更具影响力，成功说服他人，我们就要尽量了解语言的结构模式。P 代表程式。计算机需要按照程序运行，人类的大脑也要通过一定的策略进行抉择，安排生活。我们要学会为大脑重新设定策略，从而给予自己更多的选择机会。

对于 NLP，美国科罗拉多的官方定义是：NLP 是一种详细可行的模式，是关于人类行为和沟通程序的。NLP 被译为"神经语言程序学"，很晦涩，是吗？简单概括，NLP 就是以成功人士的思维模式和语言作为突破口，通过破解成功人士的思维模式，从而找出人类隐藏在情绪、思想和行为背后的潜在规律，并且最终形成一套程式。人们可以复制和模仿这套程式，让成功更加唾手可及。

思维外化之后变成语言，因而 NLP 的突破点就是语言。它使有关学者专家等对于意识与潜意识的研究提升到新的高度，它不仅是理论，更是具体可行且与生活密切相关的方法论。它有广大的发展前景，是现代心理学中极其重要的研究成果。它是以脑神经学及心理学为基础的，不容小觑。

二、NLP 的历史与现状

美国的理查德·班德勒（Richard Bandler）博士和约翰·格林德（John Grinder）教授是 NLP 的创始人。他们从美国心理治疗领域宗师级人物弗里茨·皮尔斯（Friz Perls），维琴尼亚·萨提亚（Virginia Satir）、米尔顿·艾瑞克森（Milton Erickson）等人物身上总结出卓有成效的心理治疗模型之后，便运用模型研究包括教育、法律、咨询等领域的顶尖人物，并且对他们的语言、行为及思想模式进行解码，由此编辑出可供操作的、具有技巧性的 NLP。所以说，NLP 尽管不是一套心理治疗的书籍，但是也与临床心理学渊源深厚，它不仅在改变人类经验行为方面效果显著，而且有利于提升人的身心发展。

如今，在国际领域内，每一个渴望成功的人都很热爱 NLP。包括美国前总统克林顿、英国王妃戴安娜等人在内，很多大名鼎鼎的政坛人物、体坛人物等，都从 NLP 受益匪浅。

此外，NLP 在商业领域的运用也特别广泛且有效。在世界 500 强企业中，至少有 60% 的企业开始开展 NLP 培训，随着时间的流逝，也有越来越多的企业加入开展 NLP 培训的队伍。很多顶级的商学院还把 NLP 作为商业课程，更有许多企业高层管理者已经通过认证成为 NLP 执行师。

三、为什么要学习 NLP

心灵是人类的囚牢，很多人都被困于自己的心灵和头脑。尤其是理智与感情爆发冲突、意识与潜意识爆发矛盾时，人会更痛苦。NLP 找到了情绪与思维的规律，能帮助人们把理性与感性协调起来，达到身心合一。因此，它很适合用来处理和解决各种人生困局，也总是能够一针见血地指出问题所在，更能够以极高的效率解决问题。所以说，NLP 是打开方法宝库的钥匙。

NLP 找到了思维内在的规律，这使人们思考时完全可以做到举一反三。也因此，NLP 的外延达到无限。在 NLP 问世后 30 年里，很多人发展出大量技巧，迄今，技巧依然在不断衍生出来。这些技巧能够帮助人们解决人生中各个方面的难题，而且可以使人变得善于学习、沟通，使人的幸福感也越来越强。毋庸置疑，NLP 为人们打开了广阔的世界，使人们看到无限的可能性，并且教会人们如何如愿以偿地享受人生。

如今，人际关系被提升到前所未有的高度，而建立良好人际关系的关键就在于亲和力。细心的人会发现，大多数成功人士都拥有良好的人际关系，然而他们之中的大多数人并不知道何谓亲和力，因而只有少之又少的人知道与他人建立亲和力的必要性和重要性。实际上，NLP 的课程能教会我们如何建立亲和力，从而与他人更好地相处与沟通。拥有亲和力的人不但处处受人欢迎，而且还能够施展自身的影响力，潜移默化地影响他人。所以不管是在工作中，还是在生活中，要想在人际交往中如鱼得水，建立亲和力是很有必要的。

NLP 尤其注重技巧的适用性和灵活性，讲究随机应变运用技巧达到预期的效果。NLP 课程告诉我们，心若改变，世界也随之改变。所以我们要先把自己变得更好，才能得到更好的人生。尤其是公司的高层管理者，一定要注重提升自我。此外，还要注重与他人沟通的技巧。

沟通，是人与人之间的桥梁，NLP 教会我们如何通过良好的沟通建立人际关系，也让我们得到他人的认可，发挥自身的影响力，影响他人。一旦掌握了沟通的技巧，我们不管是与人相处，还是做事情，都会得心应手，如鱼得水。总而言之，NLP 将会为我们打开通往成功的大门，改善我们的人际关系，改善我们的工作状况，也让我们信心百倍地朝着既定的人生目标前进。

四、NLP 容易学吗

非常容易。NLP 尽管创新性地发现了思维和行为活动的规律，但是大多数受过教育的人对它的理论基础都非常熟悉。NLP "效果显著、易学易懂"，所以才能在 30 年的时间里传播迅速。小学生会觉得 NLP 浅显易懂，大教授会觉得 NLP 很有深度。它的教学过程以互动为主，而且体验性很强，因而学习过程也使人兴趣盎然。

五、什么人适合学习 NLP

每个人都适合学习 NLP，尤其是企业负责人、职业经理人、行政人员、销售人员、培训人员、教练、教育工作者、心理咨询师、父母等人，都很适合学习NLP。

六、NLP 的基础知识

大多数人初次听说 NLP 都觉得丈二和尚摸不着头脑，完全不知道 NLP 这三个没有任何关系的英文字母到底意味着什么。实际上，当你走近 NLP，你就会沉迷其中而无法自拔。NLP 是一门交叉学科，把各种知识和科学综合起来，专门致力于研究帮助人类获得成功，成就卓越。它涉及的内容非常广泛，包括心理学、脑神经学、控制学和语言学。NLP 的行为模型揭示了卓越人物是如何成就卓越的，解析卓越人物思考、沟通直至获得成功的密码。它就像解码机器，专门破译成功人士的"卓越"密码。普通人一旦掌握这些密码，就可以轻而易举复制"卓越"，收获成功。

七、NLP 的特点和优势

NLP 学探讨的内容如下：各个领域的杰出人物是如何获得成功的，人们怎样复制这些成功人物的思考与行为模式。

NLP 与人们思考时候发生的一切，与人们思考对自身行为及他人行为发生的影响都密切相关。NLP 告诉人们如何更深刻地思考，并且获得成果。NLP 教会人们如何沟通，还让人们意识到沟通的重要影响。

NLP 不是一个新兴的空虚名词，而是一种实实在在的科技，对人类贡献很大。NLP 提供的方式能使每个人都成就卓越，因为它教会人们如何通过模仿变得更优秀。NLP 是一种艺术，而且与科学相融合。每个人都是独一无二的个体，每个人都有自己的观点和主张，这也决定了每个人的描述都带有强烈的主观色彩。NLP 正处于高度发展之中，它将各种能够辨识成功行为模式的技巧融合起来，对其进行深入研究。NLP 是在假设的基础上成立的，例如人的任何行为都有动因，效果比所谓的道理更重要，凡事有因皆有果……

NLP 的理论系统完整而又深刻、独到，它的操作方法也科学有效，这样人们才能在 NLP 的写照和指导下完善意识，形成良好的行为习惯，建立人生理念，最终不断进步与发展。

和其他学科相比，NLP 是与众不同的：

第一，过程快，效果显著且持久。

第二，肯定正面动机，没有负面影响。

第三，卓有成效激发潜能。

第四，坚持学习，坚持成长，坚持发展。

NLP 是人类智慧科技的成果，非常适合人类生活的方方面面。NLP 将会改变你的行为模式和思维模式，从而让你如愿以偿摒弃起不到任何效果的特殊技巧，而有效地改善方法，实现预定的目标。一旦你掌握了解决问题的捷径，你会很容易改变自己和周围的一切，并且这些改变将会影响你的一生，让你在人生的道路上有所收获，甚至获得成功。从这个角度而言，NLP 是一套能够让你受用一生的心理技巧。

如今，更多的中国人满怀热情地学习 NLP，他们的确在用 NLP 教会他们的技巧创造奇迹，走在通往成功的道路上。在此过程中，他们也感受到生命的喜悦和惊奇。在整个世界的每个角落，也有无数的人和他们一样，正在领悟 NLP 的精神、观念和技巧，正在无限接近成功，创造未来。

八、NLP 命运连锁反应式

NLP 有了一个革命性发现，即发现只要改变次感元、表象，就能够改变人的神经链、感受、观念、行为、习惯、性格和命运。具体来说，就是随着脑子里的某个影像、画面或者意象发生改变，与之对应的神经链就会发生改变；脑子里的某个神经链改变，与之对应的心理和行为也相应改变。

九、NLP 更关注个体

在 NLP 领域中，人们因为固守传统，往往无法理解 NLP 的观念。其实，NLP 讲究实际，而不注重泛泛而谈的理论。和传统心理学相比，这完全不同。如果说科学的目的是解析心灵，从个体到总体，那么 NLP 的目的是改变心灵，追求更切实有效的效果。从这个意义上而言，NLP 这门学科更注重实践，追求最好的效果。NLP 认为，每个人的心灵都是可以重写的程序，而正是程序的差异才导致个体的差异。这种程序的差异是因为人的成长背景和人生阅历导致的，因此每个人的心灵程序都是完全不同的。从群体中获得的心灵规律非常抽象，大概相似，一旦落实到具体的人身上，则会被放大。有的时候，同一种东西对这个人有效果，对那个人就没有效果。所以对于个体的心灵而言，普遍的规则只能用来参考，必须通过互动搜集更具针对性的信息，并且用语言来加强对个体的干预，才能真正对个体的心灵有效。在操作过程中，要注意随时关注互动过程中反馈的效果信息，从而做到及时调整语言操作干预和解释性假设的方式。

每天的日常生活，恰恰表现出对个体至关重要的体验。然而，一旦用语言作为这些体验的载体，这些体验就变得非常普遍。这是因为每个人都善于使用概括性的语言来表达自己的独特经验，而无形中就把独属于自己的个体信息差异隐藏了起来，也使别人误以为他们传达的是普遍规律。因此，个体经验之所以变成普遍规律，就是因为语言的禁锢。这样一来，我们独具特色的经验和毫无新意的语言之间形成矛盾，导致个体差异被隐藏。NLP 必须更加注重个体的独特信息，才能真正改变个体的心灵。

十、三分钟 NLP 课程

用三分钟来描述 NLP：

"女士们，先生们，要想在职业生涯中取得成功，我们首先要确定想要实现的结果，其次要运用感知，从而明确自己正在收获什么，最后要有一定的弹性，审时度势，顺势而为，直到如愿以偿。"

然后，板书：结果，感知，弹性，演讲结束。

NLP 强调结果，我们一定要明确结果，才能始终保证行为有的放矢，有方向性和目的性。

NLP 的训练非常注重提升人们的"感知能力"，每个人都要学会聚焦注意力，从而观察到那些从未留意的细节。尤其在与人沟通时，我们更要感知对方的细节，从而了解和分析对方的心理。思考其实是与自己沟通的过程，每个人都需要感知自身内部的思维图像、声音和感受。这一点，正是卓越的沟通者和思考者与常人不同的地方。

进行 NLP 训练，我们可以拥有更多的选择，这比面对唯一的选择好多了，因为唯一的选择意味着没有选择，意味着成功的可能性大大降低。而面对更多的选择，成功的可能性也大大提高。细心的人会发现，那些拥有更多选择且能够随机应变、保持弹性的人，将会在人际交往中成为局面的主宰者。

十一、NLP 的现实意义

作为心理学领域的权威人士，威廉·詹姆斯说："对于这一代人而言，发现通过改变人类心智的内在态度而改变人类生命的外在表现，是最伟大的发现。"当今时代发展迅速，很多人都会迷失自我，所以对于人类而言最大的威胁并非来自外界，而是来自自己的内心。NLP 的最大好处在于能够帮助人们在任何情况下保持镇定，也时刻不忘初心，保持清醒。哪怕面对逆境，也始终积极，充满力量，尤其是在面对未知的情况时，做出不得不做的决定，而且充满勇气。NLP 还教会人们如何与人相处与沟通，也包括与自己相处与沟通。每一位伟大的领袖人物和优秀学者，都要具备这样的能力，也就是"自我领导力"。一个人要想拥有高品质的生活，要想在某个领域做出杰出贡献，一定要具备超强的自我领导力。

很多学员在接受 NLP 课程的学习后，因为潜意识得到持久的改变，所以他们简直觉得如获新生。从本质上来说，每个人的大脑都是电脑的硬件，而人与人之间之所以相差悬殊，就是因为大脑的软件各不相同。学习 NLP 课程就相当于给大脑的软件升级，把落后的 DOS 升级为先进的 WINDOWS 10。

十二、NLP 的基本理念

1.NLP 的核心观念

模仿是 NLP 的核心，也是复制卓越的过程。杰出的人都具有超强的模仿能力，并且会把他人身上的经验等内化成为自身的资源。其实，人天生就会模仿，也正是通过模仿，才掌握了生活的方式与方法。有的时候，我们通过模仿周围那些重要的人，学会了为人处世，学会了思考和展开行动，也学会了正确面对和接纳成功与失败。

也许有人会感到疑惑，甚至担心总是模仿他人会导致自我的迷失。其实，真正意义上的模仿是把他人的优点和长处学到自己的身上，当然，在此过程中人们也会主动进行选择，从而更加了解自己，也随着模仿提升和完善自己，更加认同自己。

2.NLP 的基本原则

NLP 的基本原则主要有以下四点。

第一，以亲和感对待自己和他人。一个人越是对自己亲和，越是感到安逸舒适，越可以达到身心合一。这不仅有利于人的身体健康，也有利于人的精神健康，使人的心智与身心都达到和谐统一。对自己精神层面产生亲和感，还能增强自身的归属感，帮助自己实现自我认同。很多成功人士看似风光，实际上内心很痛苦，也常常使身边的人感到沉重，这正是因为他们缺乏归属感。大多数人都以内在心境来面对外部世界的矛盾，所以对自己的内心并不亲和，也导致与他人关系紧张。

第二，明确自己与他人的需求。假如你始终不清楚自己到底想得到什么，那么你就不知道对于自己而言成功意味着什么。用 NLP 的专业术语来说，这叫目标设定，是一个系统有序的思考程序。一个人应该问清楚自己想要什么，而不是始终纠结于问题所在，否则就会以问题为起点开展思考，导致本末倒置，完全忽略自己和他人的真正需求，也就无法如愿以偿满足自己和他人。还有些人会情不自禁地指责和抱怨他人，也与此密切相关。

第三，感官的敏锐。动用你所有的感官，感知外部的世界，从而确定自己是否正朝着既定的目标努力奋斗。如果有需要，你还可以借此机会不断调整自己。很少有成人能够关注到这些方面的信息，而很多孩子都是这么去做的。所以，成人可以向孩子学习，让自己充满好奇，变得更加敏锐。

第四，行为的弹性。即可以选择不同的行为，从而更容易获得成功。持续改变你正在做的一切，直到如愿以偿得到你想要的结果。当然，这说起来很容易，实际上实践起来有很大的难度。很多人明知道与朋友争吵会导致彼此关系恶化，却依然我行我素，就是因为不知道怎样才能缓解矛盾与冲突。

十三、信念和价值观是 NLP 的假设前提

这个世界上绝没有两个完全相同的人。

一个人无法改变其他人。

卓有成效比有道理更重要。

沟通最重要的意义是得到对方的回应。

每件事情最少能找到三个解决方法。

因循守旧，就无法得到新的结果。

选择是一种能力。

在所有系统中，影响大局的部分是最随机应变的。

失败只是事情的回应。

动机与行为完全是两码事。

动机和情绪都很对，但是行为却会徒劳无功。

每一个人都选择对自己卓有成效的行为。

要想学习 NLP，首先要学习和掌握 NLP 的前提假设。我们可以设想 NLP 是绝世武林高手，那么 NLP 的前提假设就是武林高手的至高功力——信念和价值观。对于这些前提假设，NLP 从不认为它们可以被强加于人，所以也从不称呼它们为"规定"或者"原则"。这就像 NLP 的范畴一样非常宽泛，相比起形式，更注重效果。尤其是"卓有成效比有道理更重要"更是 NLP 的价值观——以技巧为主，以结果导向，更多的选择当然比唯一的选择更好。灵活是一切思维和行为模式的基本原则。

实际上，这样的论述与 NLP 的发源地是西方密不可分。有史以来，东方人非常重视"道"和"理"，而西方人则更重视技巧。假如 NLP 的发源地是中国，

那么 NLP 的前提假设可能就是"领悟道理比掌握技巧更重要"。NLP 之所以充满活力，正是因为它拥有丰富的技巧。

尽管 NLP 认为和道理相比，卓有成效才是最重要的，但是不可否认，正是"道"促使技巧产生和变得丰富。从这个角度而言，在学习 NLP 的过程中，必须透彻了解"道"，才能对技巧活学活用，随机应变，让技巧发挥最好的效果。所以说，NLP 中的道和理其实非常重要，只是人们在实际操作中要以技巧和方法为主导而已。当然，复制过程也要以结果为导向，也同样非常重要。总而言之，NLP 的前提假设就是道和理的存在，即每一位 NLP 大师都认可的信念和价值观的存在。

当我们真正把 NLP 的信念和价值观融入生活之中，并且按照它们的指引去面对生活，我们就是在学习 NLP，也实实在在迈出了通往成功、实现卓越的第一步。实际上，包括 NLP 大师在内，每个人的信念和价值观都是在无意识状态下做出的选择，也是对世界的回应。唯有让我们真正拥有这样的信念和价值观，它们才会切实改变我们的人生。

十四、NLP 关于成功学的研究

成功的三个必备要素，就是信念、策略、亲和感。

（一）信念

神经语言程序学 (NLP) 研究人类各种相关的运作模式，从而发现成功的路径。NLP 相信包括体坛运动、音乐、艺术、经济、学术等领域内的成功都是可以复制的，或者也可以通过模仿得到重复。这种论断的基础是人的神经系统相同，所以每个人只要面面俱到，就能最终学会成功，获得成功。举例而言，"太阳明天照常升起"就是成功者先入为主的信念。在太阳真正升起之前，成功者脑海中已经浮现出美妙的情形，也就必然浑身充满了力量。例如两个人从事同样艰苦的工作，一个人心怀希望，信念坚定，因而工作时事半功倍。而另一个人心怀绝望，看不到任何希望，所以工作时万念俱灰，自然效率低下。由此可见，信念对于人的成功和失败影响深远。

以下这些信念应该牢记在心：

（1）过去不能决定将来。

（2）失败不是失败，只是暂时未成功而已。

（3）没有任何一段经历是白白经历的，必然有益于我。

（4）不要怨天尤人，而要积极地想办法改善情况。

（5）心若改变，世界也随之改变。

（6）我是自己生命的主宰。

失败的人是因为受到自身思想的局限，或者过于强调自我，所以很容易墨守成规，囿于思想的藩篱。很多成功者之所以成功，就是因为他们愿意做不成功者不想做的事情。

（二）策略

策略包含两个因素，一个是目标，一个是方法。实际上，这也正是实现理想的方法，因为每个人之所以做出特定的行为决策，就是因为他们内心受到很多东西的驱动，诸如经验和欲望等。这些因素不断积累，与成功密切相关。

首先，NLP 认为，模仿（Modeling）是学习的捷径，因为每个人都在通过模仿学习。然而，模仿往往是随机的，所以效果不很明显。要想获得成功，就要连续地模仿，并且要学习成功者最卓越的地方。就像有的电话号码虽然数字完全相同，但是因为数字排列的顺序不同，所以通往不同的目的地。很多擅长烹饪的人也知道，相同的食材只因为入锅顺序不同，所以味道会截然不同。

其次，既然别人都能成功，你要相信自己也能成功。因为你和别人一样，所以别人能做到的，你也能做到。要想成功，你只要如同复印机一样开启复印系统，就能以最佳的捷径走向通往成功的道路。不管你是想成为娱乐明星，还是想成为体坛健儿，抑或想成为商界的精英人物，都可以启动复印系统。当然，你的脑海中必须有你想成为的人存在，并且不断地琢磨他们的细节，观察他们的一举一动，并且把他们的行为设置成你心中的固定模式，你才能最终自然地成为他们，也获得自己的成功。所谓熟能生巧，你还要不断练习，才能把一切做到精美。

最后，获得成功。除了要拥有坚定不移的信念，模仿他人的卓越行为之外，还要多多观察他人的肢体语言。NLP 发现，相同的肢体语言会为人们输送相同的心理讯息，诸如微笑、挺胸抬头等，都会潜移默化影响人们的言行举止。总而言之，成功是有模式的，也有特定的策略，我们唯有以模仿和复制成功人士的一切行为表现和思维模式，甚至拥有和他们相同的心理状态、肢体语言，才能把他们的成功策略变成自己的成功策略，最终获得成功。

（三）亲和感

成功的必备要素之一，就是良好的人际关系。所谓亲和感，正是与他人建立友好融洽的关系，从而与他人成为同盟，也与他人产生共鸣。有亲和感的人很容易理解他人，也能够体察他人的情绪，体谅他人的辛苦，甚至感受他人的思维模式。那么，怎样才能在人际相处中具有亲和感呢？同样需要模仿，模仿他人，与他人拥有更大的相似度。尤其是当一个人能够熟练模仿他人的声音和肢体语言时，就一定能博得他人的好感，这是因为这个人是站在他人的立场上理解他人，与他人产生情感共鸣，与他人达到精神一致。

要想成功解读陌生人，就要了解陌生人的不同类型，有听觉型、视觉型和感觉型。听觉型的陌生人慢声细语，很少对视他人。视觉型的人则说话急躁，呼吸粗重。感觉型的人说话慢慢吞吞，还时断时续。在了解陌生人所归属的类型后，我们可以更好地模仿他人，进入他人的频道。心理学家经过研究证实，在人际沟通的过程中，肢体语言和表情占的比重最大，达到55%，声音占38%，而文字只占7%。因此要想对他人产生亲和感，就要模仿他人的肢体语言，还要模仿他人的声音，只要把握这两项，与他人的相似度就可以达到93%，而与他人的沟通效果也会在最短时间内达到最好。曾经有位心理专家想安抚一位暴躁激动、大喊大叫的孩子，然而他用了很多办法也没有效果，最终他灵机一动，和孩子一样暴躁激动、大喊大叫，出乎他的预料，孩子真的恢复安静，开始倾诉自己。这是因为孩子觉得心理专家和自己一样，因而感受到心理专家的亲和感，所以愿意向心理专家倾诉。

要想模仿成功者的卓越之处，就可以从信念、策略与亲和感这三个方面着手。怀着积极正向的信念，憧憬着触手可摸的美好未来，然后按照做相同的事情获得相同结果的策略，采取与成功者一样的目标与步骤，最终获得与成功者一样的结果。在人际交往与沟通的过程中，要想给予对方亲和感，我们还要学会模仿对方的肢体语言和声调等，从而让对方对我们马上心生好感。朋友们，如果你还怀疑模仿的力量，怀疑成功模型的效率，那么从现在开始就找一位身边的成功人士开始实际操作吧。相信当你真正模仿成功人士的信念、策略和亲和感，你有朝一日一定会收获满满。

十五、运用 NLP 与潜意识沟通

每个人的潜意识都在持续发出讯息，想与意识进行沟通。遗憾的是，大多数人都忽略了这个情况，也不知道如何才能实现潜意识与意识的沟通。通过对"六步换框法"进行衍生，专家终于找到了帮助潜意识与意识进行沟通的技巧和方法，但是有以下事项需要注意。

1. 潜意识的位置

人是通过身体的情绪感觉才知道潜意识的存在的，而潜意识存在于人的大脑中，因此要想与潜意识沟通，我们就要把注意力集中在躯体里（头部以下的上半身）的情绪感觉所在，这里恰恰是潜意识的位置。此外，还可以把所有注意力集中在心脏的位置。如果找不到这两个位置，还可以把躯体内想象成一幅图画，而把潜意识的所在看成是黑暗中的一点光亮。

2. 沟通的模式

当确定潜意识的位置，便可以心灵与潜意识进行交流，一定要专心致志，态度诚恳，也要信任自己的潜意识。

3. 沟通前的准备

为自己找到一处安宁舒适且可以全神贯注的所在，可以躺着，也可以坐着，然后进行深呼吸，让自己的内心保持平静和放松。首先要感谢潜意识对自己的关照，在整个沟通过程中也要多多感谢潜意识。

4. 步骤

假设与潜意识沟通的前提：心里明知该做某事，却又不想做某事。

（1）让心灵与潜意识交流："感谢你今天非常照顾我。我可以与你沟通吗？"（保持内心平静、放松身体，等待潜意识进行回应。这份回应是一种突然涌现的莫名其妙的感觉……）

（2）潜意识回应感觉后："感谢你愿意与我沟通。你认为是否应该做那件事情？"（等待潜意识回应……）

（3）潜意识回应后："非常感谢。我如果不做这件事，能得到什么好处呢？请你告诉我。"（等待潜意识回应……）

（4）潜意识回应后："我知道了，非常感谢。我做这件事情，但是要找到方法保证自己不会失去这些好处，反而会因为做了此事而收获成功，变得更快乐，你愿意支持我吗？"（等待潜意识回应……）

（5）潜意识回应后："感谢你支持我。我想激发出潜意识的所有力量，帮助我实现心愿，请你一定要帮助我。"（等待潜意识以感觉做出回应……）

（6）潜意识回应感觉后："感谢我的潜意识，希望以后多多沟通。"

5. 沟通过程中可能发生的情况

（1）毫无回应。如果以前内心感觉很少，那么与潜意识的沟通会很艰难，但是随着与潜意识沟通次数的增多，情况会逐渐好转。所以刚开始时一定要完全放松，不要心急。假如始终无法与潜意识建立沟通，那么就意味着选择的时机或者场合不对，可以在感谢潜意识之后及时结束沟通。

（2）等待时间太长。在等候的过程中，可以集中所有注意力在躯体内的某一点（内视觉），然后坚持在心中默念"我在等待，与潜意识沟通"（内听觉），从而帮助自己保持注意力集中。

（3）涌出的讯息看似毫无意义，其实只是我们不能理解讯息的意义。感谢潜意识，从而从潜意识那里得到更多明确的讯息，然后深入了解潜意识发出讯息的含义。

6. 沟通之后

承诺潜意识的事情必须完成，唯有把意识与潜意识紧密联系起来，你才能更加高效。

十六、运用 NLP 提升内心的力量

当意识与潜意识完全合拍，我们就会身心合一。在这样的状态下，我们的内心力量才会被激发出来，发挥到极致，从而帮助我们收获成功，更加幸福与快乐。有一种状态与身心合一的状态恰恰相反，即知道某件事情不能做却偏偏要偷偷去做，知道某件事情应该做却又无法下定决心去做。为何会出现这样的情况呢？

理性和感性所处的立场完全不同。

意识与潜意识的价值排位发生异常。

每天，我们都在学习，因而我们的信念、价值观和规条（BVR）也不断地发展和变化。所以在不同的时刻，我们对某件事情的感受，在意识和潜意识的层面上无法达到一致。唯有掌握身心合一的技巧，我们才能成功激发出内心的力量，也才能最终获得成功。

十七、建立企业文化

企业文化就是公司的精神和灵魂所在，能够无形中给所有员工规范良好的秩序，形成强大的凝聚力，从而提升员工的工作效率，增强员工的集体力量，这恰恰是每一位公司管理者都希望看到的情形。

现代职场上，很多企业管理者都看重培养人才，保留人才，从而为企业发展积攒后劲。也因此，企业文化被提升到前所未有的高度，也得到了空前的重视。很多有远见卓识的员工，都很看重公司的企业文化。然而，在形成企业文化之后，还要把企业文化落到实处，从而让员工在秩序井然、效率卓著的工作中，对公司充满信心。NLP 能够提供卓有成效的方法，让员工把企业的使命具体细化为自身肩负的目标，并且把长期目标划分为短期目标，让自己每天都精力充沛，做好每一项工作。

十八、把 NLP 应用于管理

NLP 管理涉及面很广，诸如企业文化、绩效管理、创新思维、沟通能力等，都可以运用 NLP 的知识。NLP 的目的就在于教会人们思考和行为的模式，从而让人们做事情时事半功倍。作为 21 世纪公认的成功学科，NLP 在诸多专家、学者和管理人才的努力下，技巧越来越丰富，实用性也越来越强。尤其是 NLP 管理教练课程，对于提升管理人员以下五个方面的能力效果显著。

（1）教会管理人员怎样才能建立和推行企业文化，从而卓有成效地建设、管理和激励团队。

（2）开展目标管理法，使管理人员激发下属的能力，让下属为公司做出杰出的贡献。

（3）运用语言模式，通过改善自己和他人的思维模式与习惯，改变自己与他人的行为和结果。

（4）让管理人员拥有清晰的思路，既把握全局，又关注细节，还能保持微妙的平衡关系，从而运筹帷幄，获得成功。

（5）提升管理人员的沟通能力，让他们与他人的沟通卓有成效。

总而言之，朋友们，不管你们从事什么工作，或者在生活中担当怎样的角色，NLP 课程一定会让你受益匪浅，也会助力你拥有成功的人生！

后记

情商自控力

　　毋庸置疑，管理工作实际上就是一门公共关系学，只不过管理者面对的不是需要公关的客户，而是需要从人际关系角度搞定的员工。因而高情商的管理者知道，唯有搞定人，才能让管理工作进展顺利，事半功倍。提起人际关系，就不得不提起情商。曾经，很多人都把智商看得非常重要，觉得唯有智商高，才有利于学习和工作，也才能获得成功。直到1990年，美国著名的心理学家约翰·梅耶和彼得·萨洛维提出了情商的概念，人们也并没有关注情商，甚至觉得情商是可有可无的。五年之后，在《纽约时报》担任科学记者的丹尼尔·戈尔曼出版了《情商：为什么情商比智商更重要》这本书，才在全球范围内引起了人们对于情商的普遍关注。也因为如此，人们都尊称丹尼尔·戈尔曼为"情商之父"。

　　1997年，丹尼尔·戈尔曼的《情商：为什么情商比智商更重要》一书被引入中国，从此之后，国人也渐渐熟悉情商的概念，很多心理学领域的专家更是针对情商展开了激烈的学术讨论。至此，有些专家甚至认为，情商高且智商也高的人可以从事技术工作，但是智商高且情商低的人却不能从事管理工作。这正印证了丹尼尔·戈尔曼的理论——真正决定一个人能否成功的重要因素是情商，而非智商。这也就解释了职场上一个很奇怪的现象，即很多学习上拔尖的人才，真正走上工作岗位之后，却要接受那些智商不如他们高，但是情商比他们高的人领导。在美国的很多企业，甚至还流传着一句话，即"智商使人得以录用，情商使人得以晋升"。看起来这句话有些绝对，但是实际上非常有道理，也被很多美国职场人士奉为金科玉律。由此可见，对于管理工作而言，情商是多么重要。所以作为管理者，拥有高情商是完全必要的。

　　很多管理者担心自己天生情商低，也害怕自己会失败，其实情商并非完全是天生的。如果觉得自己情商低，就可以在生活和工作中有意识地提升自己的情商，从而帮助自己越来越接近成功。当然，情商对于人生的重要影响也不仅仅局限于工作，也包括日常生活中与人相处、恋爱结婚，甚至教育孩子等方面，都会因为高情商而受益。所以，想要工作成功、人生幸福的朋友们，要从现在开始就不遗余力地调动自己的情商。尤其是已经成为管理者的朋友，更要想方设法提升自己的情商，让自己凭着"高情商"在职场上高歌猛进。

正所谓"世事洞明皆学问，人情练达皆文章"。当然，高情商是综合素质的表现，所以，管理者要想拥有高情商，还应该提升自己的综合素质，充实自己的心灵，让自己在人生中宠辱不惊、自信淡然。